이토록 재미있는 새 이야기

눈 깜짝할 /새/ 읽는 조류학

이토록 재미있는 새 이야기

 북수힐

차례

2 먹이와 식성

3 사교와 번식

4 　비행과 이동

~~~~~~

천샹징

그림으로 풀어낸 새들의 세계

수목학 따위 깡그리 잊어버린 삼림학과 졸업생

조류 연구에 참여했던 일러스트레이터

언제부터 새를 좋아하게 되었는지는 잘 모르겠다. 어린 시절 고향에서
이름 모를 새를 보았을 때 조류도감을 펼쳐 그 새를 찾아보려고 했던 기
억뿐. 돌아보면 참 신기한 일이 아닐 수 없다. 나비, 개구리, 도마뱀, 그 외
에도 여러 생물이 있었는데 나에게는 유독 새가 특별하게 다가왔다.

　자고새, 알락할미새, 대만직박구리*Pycnonotus taivanus*, 검은직박구리⋯
엇, 이건 호랑지빠귀처럼 생겼잖아? 이런 식으로 주위의 새들에게 하나
둘 관심이 가기 시작했다. 망원경으로 새들의 자태를 자세히 구경하면서
새들 특유의 귀여움, 아름다움, 멋에 흠뻑 빠져들어 바보처럼 헤벌레 웃

기도 했다. 그렇게 한 마리 한 마리 새들과 만남을 쌓아가다가 대학에서도 삼림연구소에 들어가게 되었다. 매일 아침이면 숲으로 가서 갈색머리꼬리치레의 일거수일투족을 관찰하고, 녹화한 화면도 다시금 여러 번 들여다보았다. 그 과정에서 새들의 배후에 많은 이야기가 숨어 있다는 사실도 알게 되었다. 이후 연구는 계속하지 않았지만, 조류에 관한 연구 문헌만은 관심을 갖고 꾸준히 읽어 나갔다.

'재밌다! 다른 연구 성과도 좀 더 보고 싶어!' 관심이 가는 새를 보게 되면 가장 먼저 떠오르는 생각이었다. 나에게는 이것이 새로운 새를 알아가는 방식이었다. 꼭 밖으로 나가 새를 보지 않아도 실내에서 연구자료로 새들과 만날 수 있었다. 자료를 읽다 보면 머릿속에서 온갖 상상의 불꽃이 팡팡 터졌고, 그 불꽃을 끌어안고만 있기 답답해졌다. 그렇게 2년여의 세월이 흐르는 동안 나는 그 상상의 불꽃을 하나하나 그림으로 구체화했고, 린다리의 도움을 받아 다시 체계적으로 정리해 나갔다. 국내외 최신 연구와 조류학 지식에 그 그림들을 결합한 이 책이 독자들에게 친근하게 다가가는 탐조*의 소우주가 되기를 바라는 마음이다!

이 바탕에는 수많은 연구자의 노력과 성과가 있었다. 기획부터 실행, 자료 수집, 데이터 분석 등은 분명 고단하고 만만치 않은 작업이었지만 흥미진진한 여정이기도 했다. 이제까지의 연구 성과가 아니었다면 우리

* 探鳥, 자연 상태의 새들을 방해하지 않고 탐색·관찰·감상하는 활동

는 이처럼 새들의 다양한 면모를 알지 못했을 것이다. 하나하나의 연구 성과를 모아 체계적으로 이어 나갈수록 우리의 지식은 새로운 영역을 개척하면서 더욱 확장될 수 있다.

이 책은 그러한 노력과 축적의 결과물이다. 과학자들의 최신 연구 성과를 접할 때마다 느꼈던 흥분, 새들을 하나하나 그려나갈 때의 기쁨과 감동은 이루 다 표현할 수 없다! 이따금 창밖을 보며 쉴 때 들려오던 관수리의 울음소리, 내 앞으로 포르르 날아가던 작은동박새, 포동포동한 어린 제비들이 전깃줄에 앉아 깃털을 고르던 모습 등을 보고 있으면 나도 모르게 배가 부른 듯 기분이 좋아져 입꼬리가 슬며시 위로 올라갔다. 그렇게 나는 다시 모니터 앞으로 돌아와 고단한 작업을 이어나갈 힘을 얻곤 했다!

우리가 새에 관심을 기울이건 말건, 새들은 언제나 우리 곁에서 우리와 함께하고 있다. 우리처럼 이 지구상에서 생존하고 번식하기 위해 열심히 살아가고 있는 것이다. 누구든 가벼운 마음으로 이 책을 통해 귀엽고 사랑스러운 새들의 존재를 알게 되었으면 좋겠다. 누군가 이 책을 통해 새들을 새로운 눈으로 보게 되었다면, 그래서 다른 많은 생물에게도 관심을 갖게 되었다면, 나에게는 그보다 큰 기쁨이 없을 것이다. 자, 이제 페이지를 한 장 한 장 넘기면서 새들의 세계 속으로 진입해 보자!

～～～～～～～～～～～～～～

린다리

새를 보고 나를 보며
정신없이 빠져들었던 조류 관찰

대만 고유생물연구보육센터 보조연구원

호주 퀸즐랜드대학교 생물학과 박사과정

고등학교 1학년이었던 2001년부터 장장 20여 년간 새들을 보아 왔다. 새들을 망원경 속의 화면에 담기도 하고, 새들의 이름을 정확히 다시 알게 되기도 하고, 조류생물학 이론을 공부하기도 하면서 여기까지 왔다. 지금은 새들을 연구대상으로 하는 연구자이자 시간 날 때마다 새들을 감상하는 자연 애호가가 되었다. 새들은 이렇게 항상 내 삶에서 큰 부분을 차지해 왔다.

새를 좋아하기 시작한 뒤로 미친 듯 빠져들어, 지금껏 세계 각지에 있는 960여 종과 대만에 있는 401종의 새를 관찰해 왔다. 지난 2020년에는 팬데믹으로 출국이 어려워져서 해외의 새들을 볼 수 없었지만, 대만 전역의 숲과 호수, 주변 섬들은 마음껏 누볐다. 그 덕에 아름다운 새가 있는 자연 속에서 여전히 행복할 수 있었다. 나무가 있는 곳이면 자연스레 여기저기 두리번거리며 걷는데, 문득 걸음을 멈추게 된 때가 있었다. 이제껏 들어본 적 없는 어느 신기한 새소리 때문이었다.

내 평생 한 번도 본 적 없는, 전혀 새로운 새였다. 이런 새를 탐조가들 사이에서는 'Lifer', 즉 '생애 신종'이라고 한다. 이런 생애 신종이 늘어가는 것은 많은 탐조가의 꿈이기도 하다. 나에게 새를 관찰한다는 것은 반쯤 노력이기도 하고 반은 인연이기도 하다. 어디에 무슨 새가 나타났다는 소식을 듣고 우르르 몰려가 다 같이 희귀종을 목격하기도 하고, 아무 데나 한가로이 거닐고 있는데 느닷없이 방문한 귀빈처럼 덜컥 마주치기도 한다. 어떤 방식이든 생애 신종과 마주할 때면 항상 깊은 인상이 남는다. 나는 지금까지도 그 새들을 처음 보았을 때의 순간과 주변 풍광을 잊을 수 없다.

사실 새를 관찰한다는 것은 애정과 낙심이 교차하는 일이기도 하다. 잘 되어간다고 생각했는데 놓치고 마는 것이 생기기도 하고, 어쩔 수 없겠지 포기하고 있다가 의외의 기쁨과 마주치기도 한다. 그동안 나는 새들을 하나하나 알아보는 것 외에 새에 관한 지식을 쌓기 위해서도 큰 노력을 기울이는 한편, 새들을 더 잘 이해할 수 있는 연구 방법도 고민해 왔다. 여러 기회를 통해 환경 문제에도 관심을 갖게 되었고, 새를 좋아하는 다양한 사람들과 만나 새로운 발견과 지식을 공유하기도 했다. 그 과정에서 많은 탐조가가 조류학 지식에 목말라 있다는 것도 알게 되었다. 그러나 안타깝게도 시중에서 접할 수 있는 조류 관련서는 그리 많지 않은 편으로, 제대로 된 조류학 교과서 한 권도 찾기 어려운 실정이다.

그래서 천샹징에게서 이 책을 함께 만들어보자는 제안을 받았을 때 너무나 기쁘고 기대가 되었다. 이 책은 그녀의 귀엽고 사랑스러운 그림과 이해하기 쉬운 글 덕분에 흥미로운 지식으로 가득 찬 일러스트 조류서가 되었다. 이 책의 목적은 새에 대한 소개에 그치지 않으며 엄숙한 강의는 더더욱 아니다. 새들을 연구하는 과정에서 얻은 새로운 지식과 발견을 독자 여러분들과 공유하고자 할 뿐이다. 이 책에 실린 재미있고 놀라운 이야기들은 학술계에서만 웃고 떠들기에는 너무 아깝다. 당신도 새들의 귀여움과 아름다움, 흥미로움, 명랑함, 다양성에 매료되어 새들을 관찰하고 싶어졌다면, 지금부터 우리가 들려주는 새 이야기에도 귀 기울여 보시길. 아직은 제대로 새를 관찰한 적 없다 해도, 새 이야기가 궁금한 모든 이들을 환영하는 바이다.

그전까지 새에 대해 아무 관심 없었다 해도 당신은 이제부터 이토록 마음을 끄는 새들의 존재를 그냥 지나칠 수 없게 될 것이다. 크고 작은 다양한 새들이 이토록 충만한 존재감으로 우리와 함께 살아가고 있었다니! 하고 말이다. 탐조는 0세부터 100세까지 누구나 누릴 수 있는 건강한 여가 활동이다. 마음만 있다면, 새를 좋아하는 다른 사람들과 함께 새를 만나러 떠나 보자. 그들은 자신의 망원경도 기꺼이 당신에게 건네줄 것이다. 이런… 이야기가 너무 길어졌다. 이 책에서 못다 한 이야기는 다음 번 책에서 또 할 수 있게 되기를. 모두의 조운鳥運형통을 빈다!

위안샤오웨이

국립대만대학교 삼림환경자원학과 교수

천샹징과 린다리는 국립대만대학교 삼림학과에서 내가 석사 과정을 지도한 학생들이다. 두 제자가 마음을 모아 협력한 결과물인 이 책은 너무나 재미있고 사랑스러워서 한시도 손에서 내려놓을 수 없었다. 단숨에 읽고도 다시 한번 펼쳐보게 하는 매력이 있으며, 내용도 풍부하고 정보도 정확한 책이다. 개구진 말투와 유머러스한 그림이 더해진 이 책은 단연 독보적 DNA를 가진 조류 관련서라 할 만하다.

새들의 세계는 정말 다채롭고 매혹적이다! 전 세계 조류가 1만여 종이 넘으리라고 그 누가 상상할 수 있을까? 새들은 저마다 다양한 환경에 적응하고 갖가지 도전에 직면해 온 탓에 변이도가 높다. 그래서 비행, 먹이 활동, 이동, 깃털갈이, 번식 등에서 저마다 기이하고 흥미로운 행태를 보인다. 새들의 이러한 기묘한 생존 기술을 보고 있으면 대자연의 오묘함

이 느껴지고, 새의 생태를 관찰하는 것만으로도 나 또한 인간으로서 열심히 살아야겠다는 생각도 든다. 그야말로 풀 한 포기, 새 한 마리까지도 치열하게 자기 생을 다하는 곳이 이 지구인 것이다. 새들은 크건 작건 약하건 강하건 간에 이 지구상에서 오래도록 생존해 왔고, 이는 분명 치열한 노력과 적응의 결과다. 그러므로 우리 인간도 각자의 잠재력을 아낌없이 펼치고 살아야 하지 않겠는가? 새들을 보고 있으면 우리 자신을 되돌아보게 되고, 환경에 대한 관심과 사랑도 자라게 된다.

다시금 이 책을 쓴, 원기 왕성한 두 제자의 이야기로 돌아와 보자. 아담하고 사랑스러운 여학생 천샹칭은 석사 과정 당시 난터우南投현 메이펑梅峰지구의 갈색머리꼬리치레 연구팀에 배정되었는데, 산에서 온갖 악천후를 다 이겨낸 끝에 아름다운 논문 한 편을 완성해 냈다. 그런 그녀가 그림도 그리는 줄은 알지 못하고 있었는데, 대학원을 졸업한 뒤에도 갈색머리꼬리치레에 대한 20여 년의 연구 성과를 모아 갈색머리꼬리치레의 독특한 협동 번식 과정을 대중과학서의 삽화로 세상에 내놓은 것이 아닌가. 나는 그제야 그녀의 다재다능함을 새로이 알게 되었다. 그녀의 화풍은 산뜻하고 우아한 데다 유머러스하기까지 하다. 그림 속 새들의 눈은 일직선이나 점으로 표현되어 있는데도 희로애락의 감정이 생생하게 느껴진다. 열정적이고 수다스러운 남학생 린다리는 학부 1학년 때부터 벌써 대학원생 같았다. 하하. 젊은 주윤발이라 할 만큼 잘생긴 외모에, 전공 공부에 대한 진지한 열정이 그만큼 인상적이었다는 뜻이다. 나이답지 않게 독서량이 많고 생각과 주관도 뚜렷했다.

그런 두 제자가 함께 완성한 이 아름다운 결과물에, 내가 강의한 '조류 생태와 보육학'의 그림자가 아른거리는 것도 반가웠다. '쪽에서 나온 푸른빛이 쪽보다 더 푸르다'고 했던가. 그 엄청난 양의 지식을 이토록 흥미로운 글과 그림으로 풀어내다니! 앞으로는 강의실에서도 이 책을 참고도서로 활용할 계획이다. 새에 관심 있는 모든 사람에게 이 책을 추천하는 바이다. 풍부한 지식에 생생한 그림까지 더해진 흔치 않은 책이기 때문이다.

~~~~~~~~~~~~~~~~~~~

딩종쑤
국립대만대학교 삼림환경자원학과 교수

대만의 빛, 대만의 자랑이자 누구나 꼭 한 번 읽어야 할, 그리고 소장해야
할 책이다.

『이토록 재미있는 새 이야기』는 글에 그림이 더해진 방식으로 대만과
전 세계의 조류에 관한 지식을 담고 있는 책이다. 사실 이런 책은 '일부분
만의 사실을 소개'하거나, '딱딱하고 자질구레한 전문지식' 혹은 '이런저
런 추측이나 주관적인 생각'을 잔뜩 늘어놓거나, '무미건조한 문자의 나
열'이 되기 십상이다. 그런데 천상징과 린다리는 이 모든 함정을 가뿐히
뛰어넘어 보기 드문 걸작을 우리 앞에 내놓았다.

이 책에 담긴 내용은 현대의 정확한 연구인 데다 다루는 영역도 포괄
적이다. 조류학에 관한 거의 모든 지식을 담고 있으며, 각각의 내용에는
과학적 근거가 뒷받침되어 있다. 그러면서도 문장은 평이하고, 학술 보

고서처럼 주제마다 최신 연구 자료를 참조하고 있어 참고문헌으로 삼기에도 손색이 없다. 그보다 더 값진 것은 단순히 외서를 번역한 것도 아니고 서구의 조류학 연구만을 추종하지도 않은, 대만 중심의 조류학이라는 사실이다. 이 책에 나오는 대만파랑까치와 갈색머리꼬리치레, 타이완리오치즐라는 모두 대만 고유종이다. 대만의 조류에 친숙한 사람이라면 이책을 읽으면서 더욱더 반가운 마음이 들 것이다. 대만에 발 딛고 서 있으면서 전 세계를 품고 있는 이 책은 대만에 없는, 세계 각지의 여러 조류 생태도 두루 소개함으로써 독자들의 시야를 넓게 틔운다. 또한 생물분류학, 동물행동학, 생태학, 기능형태학까지 다루고 있어, 조류학 이상의 우수한 자연과학 도서이기도 하다.

읽기에 부담이 없다는 것도 아주 큰 장점이다. 전문 지식이 담긴 책인데도 재미있는 그림이 흥미와 기대감을 한껏 높인다. 성인은 물론 청소년도 흥미롭게 관련 지식을 접할 수 있는 책이다. 천샹징과 린다리의 글에는 유머가 넘치고 젊은 층만의 표현도 많아, 읽다 보면 피식 웃음이 날 때도 있다. 천샹징의 재기발랄한 그림 속 새들의 눈빛과 동작을 보고 있으면 도저히 책을 그대로 덮어버릴 수가 없다. 볼수록 책의 매력에 빠져들어 이내 사랑하게 되고 만다. 더욱이 이 책은 QR코드 방식으로 각양각색의 새소리를 들을 수 있는 서비스까지 제공하고 있으니, 글과 그림에 유머, 소리까지 어우러진 최고의 작품이 아닐 수 없다.

나는 두 저자의 스승으로서 이토록 우수한 작품을 탄생시킨 제자들이 놀랍고 기쁘기만 하다. 또한 대만 사람으로서 대만에서 출간한 조류서를 만날 수 있게 되어 감사한 마음도 든다. 반드시 소장해야 할 책이라고 강력히 추천하고 싶다! 전문적인 내용이지만 흥미로운 그림과 평이한 문장으로 이루어져 있어 어른과 아이 모두 재미있게 읽을 수 있다. 그러면서도 대학교 조류학 강의 참고서로도 손색이 없다. 초등학교에 다니는 아이도 시간 가는 줄 모르고 읽을 수 있는 책이다.

이 책을 손에 드는 순간, 당신 생애에 만나는 모든 새들이 당신을 미소 짓게 하는 요정이자 친구가 되어줄 것이다.

~~~~~~~~~~~~~~~~~~~~~~~~~~~~~

홍즈밍

대만 중앙연구원 생물다양성연구센터 부연구원

조류 연구를 하는 사람에게 조류학 교과서와 학술 논문은 지식 축적에 필요한 기본이지만, 우리 집 아이들은 이런 문헌들을 끔찍이 싫어한다. 사실 이런 문헌 읽기를 좋아하는 사람은 세상에 많지 않을 것이다. 그런데 우리 집 아이들도 2년 전 천샹징이 나에게 그려준, 나무를 타고 오르는 동고비와 그 옆에 있는 둥지 그림만은 호기심에 찬 눈으로 바라보았다. 나는 그때 생생한 그림이 학술 논문보다 얼마나 큰 흡인력을 가졌는지 알게 되었다.

논문을 통해 학술 교류하는(혹은 먹고사는) 나는 아무래도 문자의 힘과 연구 결과의 가치를 부정할 수 없지만, 이 책이 내 가슴을 뛰게 한 것은 쉽고 재미있는 글과 귀엽고 생동감 넘치는 그림, 객관적인 과학 연구 데이터라는 삼요소를 결합하여 조류학 지식을 알기 쉽게 전달하고 있다는 점 때문이었다.

난삽할 수도 있는 과학 연구의 결과를 너무도 쉽게 풀어낸 린다리의 글은 진심으로 감탄스럽다. 연구의 내용을 누구보다 잘 이해하고 있어야 쉽게 풀어낼 수도 있기 때문이다. 간결한 필치로 새들의 외형적 특징과 행동의 디테일을 놓치지 않은 천샹징의 그림도 놀랍다. 새들이 사람에게 하는 것 같은 말도 귀엽고 재미있다.

독자들은 이 책을 통해 조류의 세계가 실로 얼마나 다채로운지 알게 될 것이다. 이 안에는 살벌한 궁중암투극, 무지막지한 난투극, SF 추리극, 스타의 성장 다큐멘터리가 모두 담겨 있다. 갖가지 정보가 난무하는 이런 시대에는 오히려 책을 집어 드는 것이 단출한 낙이 되지 않을까?

이 책에서는 다른 조류학 관련서와 달리 대만의 새들도 많이 다루고 있다. 대만의 독자들에게는 친숙한 새들의 행동을 더욱 잘 이해하게 되는 계기가 될 것이다.

우리 집 아이들은 물론 많은 독자에게도 이 책은 최고의 조류학 입문서가 되리라 확신한다(가슴 아프지만, 나의 학술 논문보다 더 그렇다). 다른 분야의 많은 과학자에게도 조류학 지식을 가볍게 접할 수 있는 새로운 창이 되어줄 것이다.

〰〰〰〰〰〰〰〰〰〰〰〰〰

장둥진

금정상(대만 문화부 우수과학도서상) 수상작가, 과학도서 저술가, 번역가

혹시 '마법사'는 아닐까 싶은 후배 린다리가 그동안의 과학도서 번역과 우수과학도서 심사 활동에 이어, 이번에는 '鳥事 Birds'(새 이야기)'라는 페이스북 계정을 운영하는 천샹징과 함께 새에 관한 책을 새로이 내놓았다. 이 책은 번역을 통해서만 서로를 알 수 있을 해외 여러 나라의 탐조인들과 새를 좋아하고 새에 관심 있는 사람들, 조류학을 배우고자 하는 학생들, 조류와 다른 생물 및 무생물을 귀여우면서도 정확하게 그려야 하는 직업을 가진 사람들, 평소 새에 관심 없었던 사람들까지 모두가 꼭 보아야 할 책이다!

나는 '개구리 마법사'라고도 할 수 있지만, 석사 논문은 조류에 관해 썼다. 새 울음소리—검은이마직박구리와 대만직박구리의 울음소리 비교—에 관한 논문이었기 때문에 이 책에서 새 울음소리에 대해 나올 때 특

히 반가웠다. 린다리가 새 울음소리를 어떻게 표현했는지도 눈여겨 보았는데, 그는 새 울음소리를 알파벳으로도 쓰고 주음부호*로도 쓰고 있었다. 중국어 발음만으로는 소리를 정확하게 묘사할 수 없었기 때문인 듯하다. 사실 나도 검은이마직박구리의 울음소리를 '啾啾唧啾啾(jiūjiū jī jiūjiū)'라고 중국어로만 표기한 적이 있었는데, 그때 나의 지도 교수님은 내가 쓴 대로 발음해보더니 '이 소리가 아니었던 것 같은데…' 하면서 고개를 갸웃거렸다. 하지만 대만의 조류도감에는 '巧克力巧克力(qiǎokèlì qiǎokèlì)'라고 쓰여 있다. 내가 보기에는 이게 더 이상하다. 그럼 대체 새 울음소리는 어떻게 표기해야 '전 세계적으로' '공평하고 공정'할 수 있을까? 바로, 이 책에서 타이완리오치츨라의 울음소리를 표현하는 데 사용한 스펙트로그램**이다. 우리는 20세기 후반에 이르러 소리분석기기를 이용하여, 성문聲紋이라는 것을 볼 수 있게 되었다. 19세기의 박물학자들은 오선지에 직접 새 울음소리를 기록했다고 하는데, 듣기만 해도 그저 놀라울 따름이다.

이 책의 가장 큰 강점은 새의 행동과 생태를 언급하는 각 장마다 평소 교과서에서 볼 수 있었던 새들 외에도 대만의 텃새, 철새, 대만을 경유하는 새, 심지어 비행 도중 길 잃은 새까지 대만 내의 새들을 많이 다루고

---

* 注音符號, 대만에서 자국어의 발음을 표기하는 기호
**spectrogram, 소리의 스펙트럼을 시각화하여 그래프로 표현하는 기법으로, 파형(waveform)과 스펙트럼(spectrum)의 특징이 조합되어 있다.

있다는 점이다. 닭의 신체 내부 구조부터 철새의 이동 노선까지, 모든 페이지의 그림이 너무나 귀여우면서도 정확하다. 누구나 한 번 보면 쉽게 잊지 않을 것이다. 이 책에 실린 그림은 그대로 스티커, 자수, 휘장, 의복의 도안으로 사용되어도 좋을 만큼 굉장히 예쁘고 사랑스럽다. 한 사람의 재주가 이토록 끝이 없어도 되는가.

나에게는 개인적으로 이 책에서 정리한 용어 해설과 주가 큰 도움이 될 것 같다(대부분의 독자에게는 필요 없겠지만, 공부하는 사람에게는 굉장히 유용하다). 말미에는 이 책에서 언급한 새들에 대한 간략한 설명도 첨부되어 있는데, 분량은 총 24페이지에 불과할지언정 가히 조류학 소사전이라 칭할 만하다. 지금도 마찬가지지만 과거에는 전문 용어에 대응하는 정확한 자국어 번역어가 없어 애를 먹는 경우가 많았다. 그럴 때는 그냥 영어 명칭만으로 지칭하기도 하는데, 지금도 많은 대학 교재에는 그런 식으로 표기되어 있다. 간혹 번역어가 있다 해도 번역어만 봐서는 무슨 의미인지 이해할 수 없어, 결국 다시 원서를 보게 되는 일이 허다하다.

그런 의미에서 이 책은 앞으로 조류학이나 관련 학과의 필수 도서가 될 것이다. 대만 국내외의 조류를 아우르고 있으면서도 문장이 평이하고 지식은 풍부하게 담겨 있기 때문이다! 평소 새에게 관심이 있던 사람도, 그렇지 않았던 사람도, 이 책을 읽고 나면 가슴에 새를 품고 눈으로는 새를 좇게 될 것이다.

뭐! 공룡이 멸종하지 않았다고?

『이아爾雅』 석조釋鳥편에는 "두 다리와 날개가 있는 것을 일러 새라 한다"는 기록이 있다. 고대 중국의 이 오래된 사전에서는 '새'라고 하는 특별한 생물에 대해 상당히 정확하게 정의하고 있다. 평소 동물에 별 관심이 없었던 사람도 일상에서 새의 존재를 아예 모르고 살아갈 수는 없다. 만약 당신이 공룡에 대해 조금이라도 관심이 있다면, 더더욱 이 날개 달린 작은 새의 존재를 간과해서는 안 된다. 이 새들이야말로 지금까지 살아 있는 '공룡'이기 때문이다.

조류의 기원에 대해서는 여러 가지 논의가 분분하지만, 수많은 화석

증거가 속속들이 세상에 모습을 드러낸 지금은 조류가 "수각류* 공룡의 살아 있는 후손!"이라고 당당히 말할 수 있다. 대략 1억 5천만 년 전의 어느 수각류 공룡이 모든 현생 조류의 공통 조상이다. 바로 그 공룡이, 긴 시간의 진화를 거쳐 광활한 하늘을 누비는 지금의 새들이 되었다.

* 獸脚類, 용반류 공룡의 분류군 가운데 하나

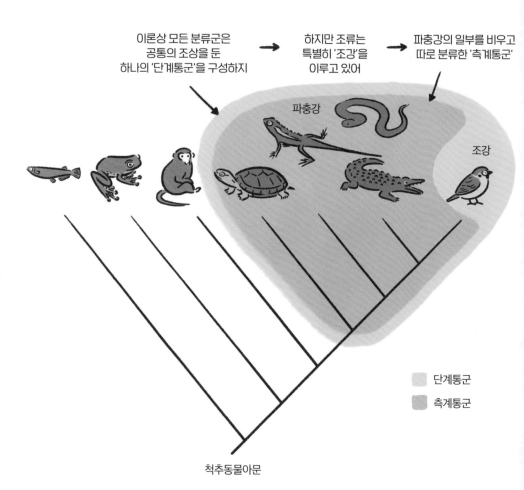

이론상 모든 분류군은
공통의 조상을 둔
하나의 '단계통군'을 구성하지

하지만 조류는
특별히 '조강'을
이루고 있어

파충강의 일부를 비우고
따로 분류한 '측계통군'

파충강

조강

단계통군

측계통군

척추동물아문

조류는 따로 특별히 분류된 파충강

현재의 중학교 생물학 교과서에는 조류가 '조강Aves'으로 분류되어 있다. '파충강Reptilia'에는 뱀, 거북, 악어, 도마뱀 등이 있는데, 지금은 멸종한 공룡도 여기에 포함된다. 사실 새들은 공룡의 후손이므로 공룡과 함께 '파충강'에 속해야 마땅하다. 그러나 생물학자와 분류학자 모두 조류는 특별하다고 여겼는지 조강으로 따로 분류했다.

사실 이러한 방식은, 공통의 조상을 가지는 생물이라면 '단계통군 monophyletic group'으로 분류해야 한다는 현대의 분류학 원칙에 전혀 부합하지 않는다. 그 결과로 파충강은 자리의 일부가 비게 되었고, 그 빈자리는 '측계통군paraphyletic group'으로 따로 분류되었다.

29

계속 변화하고 있는 조류의 분류도

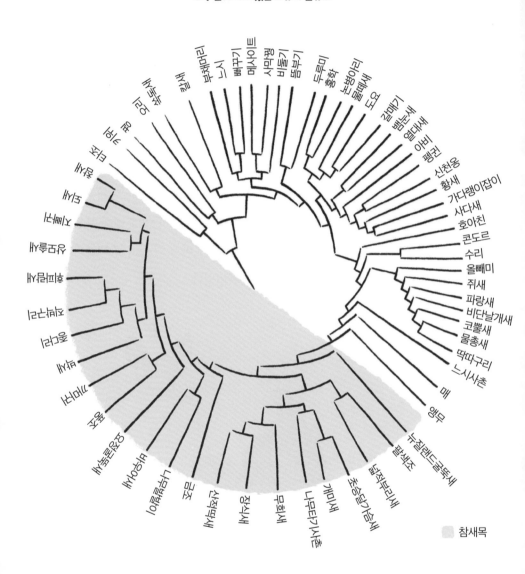

참새목

계속 바뀌어 온 조류 분류 기준

세계조류협회IOC의 세계조류목록 10.2판에 따르면, 전 세계 조류는 총 10,787종으로 각각 40개 분류 '목目'에 속해 있으며, 전체 조류 종 가운데 절반 이상이 '참새목'에 속해 있다.[1]

그런데 분자진화기술이 발달하면서 분류학자들도 조류 분류 작업을 다시 하느라 몹시 바빠졌다. 이전까지 생김새가 비슷하다는 이유만으로 같은 종으로 여겨졌던 새들 가운데 상당수가 유전적으로 전혀 다른 종임이 밝혀졌기 때문이다! 티베트 지역에 널리 분포하는 티베트땅곤줄박이만 해도 예전에는 까마귀의 일종으로 여겨져 '땅까마귀'로 불렸으나, DNA 연구 결과 곤줄박이와 유전적으로 가까운 것으로 밝혀졌다. 이후 새의 명칭도 '티베트땅곤줄박이'로 바뀌었다. 맹금류인 매도 이전까지는 독수리와 비슷한 외양 때문에 수리목으로 분류되었지만, 친연 관계를 분석한 결과 유전적으로 앵무와 더 가까운 것으로 밝혀졌다. 이후 매는 앵무목과 이웃하는 '매목'으로 다시 분류되었다. '붉은배팔색조Red-bellied Pitta'도 이전까지는 단

'붉은배팔색조'는 하나인 줄 알았는데 하루아침에 13종으로 늘어났다!

일종으로 여겨졌으나, 연구 결과 13종의 각기 다른 새가 있는 것으로 밝혀졌다![2]

현재까지의 추세로 볼 때 전 세계 조류의 종수는 점점 늘어갈 전망이다. 생김새가 아무리 비슷한 새라도 "야외에서는 구분할 방법이 없지만, DNA 증거는 서로가 다른 종임을 명백히 드러내고 있다"고 조류도감에서도 말한다. 과학자들은 모든 유전 정보 연구가 완료되면 전 세계의 조류가 2만여 종에 이를 것으로 전망하고 있다! 그러나 이것은 조류의 종 자체가 새롭게 생겨난 것이 아니라 연구를 통해 인간의 이해가 심화된 것이다.[34]

모든 조류의 친연 관계를 일목요연 알고 싶다면 원줌OneZoom의 조류 분류 트리*를 참고해 보면 좋다.

* onezoom.org/life/@Aves

지형, 기후, 먹이, 번식 조건 등에 의해 제한되는 조류의 분포 범위

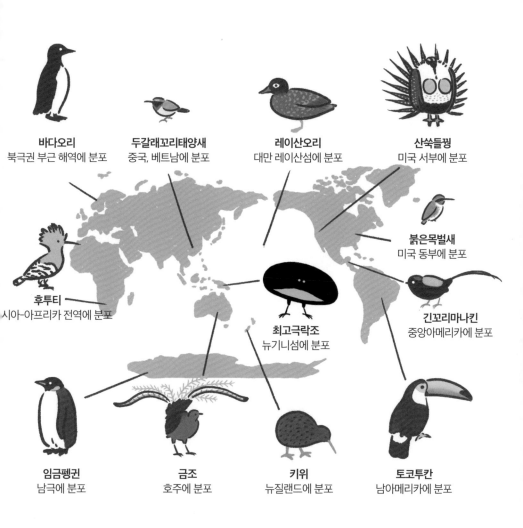

바다오리
북극권 부근 해역에 분포

두갈래꼬리태양새
중국, 베트남에 분포

레이산오리
대만 레이산섬에 분포

산쑥들꿩
미국 서부에 분포

붉은목벌새
미국 동부에 분포

후투티
시아~아프리카 전역에 분포

최고극락조
뉴기니섬에 분포

긴꼬리마나킨
중앙아메리카에 분포

임금펭귄
남극에 분포

금조
호주에 분포

키위
뉴질랜드에 분포

토코투칸
남아메리카에 분포

조류의 분포

새들은 하늘을 날며 살아간다. 이 비행 덕분에 새들은 이동 능력이 대폭 향상되어 바다, 사막, 고산과 같은 지리적 장애도 훌쩍 뛰어넘을 수 있었다. 그러나 비행 능력이 아무리 뛰어나다 해도 지형, 기후, 서식지, 먹이, 번식 조건 등의 요소는 새들의 생존 공간을 제한한다.

전체 조류 종 가운데 94%가 어느 한 대륙 안에서만 살아간다. 남극 이외의 오대륙에 광범위하게 분포하는 '전 지구종'은 그리 많지 않다. 면적이 3.4km²밖에 되지 않는 레이산雷山섬에 살아가는 레이산오리*Anas laysanensis*처럼 특정 섬이나 좁은 지역 안에서만 살아가는 '협소 분포종'도 있다.[5]

생활 환경이 비슷하니
생김새와 행동도 비슷해진다

박각시(나방)

벌새

태양새

그러한 이유로 각 대륙마다 독특한 조류 구성을 보인다. 그중 종 다양성이 가장 풍부한 지역은 중남미 대륙으로, 전 세계 조류 종의 1/3 이상에 해당하는 3,700여 종이 중남미 대륙에 서식하고 있다. 흥미로운 점은 분포 지역이나 친연 관계가 아주 멀지만 생김새는 서로 비슷한 조류가 있다는 사실이다. 북반부의 바다오리와 남반구의 펭귄은 모두 유선형 체구로 물에 잠수하여 물고기를 잡아먹고, 아메리카 대륙에 사는 벌새와 유라시아-아프리카 대륙에 사는 태양새 모두 길쭉한 부리로 꽃의 꿀을 빨아먹는다.

이것은 서로 다른 생물종이라도 비슷한 환경에 적응해서 살다 보면 외양과 행동이 비슷하게 발달하는 동형진화* 현상이다.

---

* convergent evolution, '수렴진화'라고도 한다.

01

형태와 생리

저마다 다양한 부리의 모양

토코투칸

알락할미새

섬참새

물총새

검은집게제비갈매기

매

붉은목벌새

오스트레일리아사다새

레이산앨버트로스

넓적부리

큰유황앵무

마도요

큰오색딱따구리

새에게는 너무나 중요한 부리

새의 앞발은 하늘을 날기 위한 날개가 되었다. 이로써 '두 손'을 잃은 새에게 부리는 더없이 중요한 도구가 되었다. 새의 부리에는 포유류의 입과 달리 이빨이 없다. 다만 핀셋처럼 먹이를 집어 올리거나 찢을 수 있을 뿐이다. 대신 무게가 가벼워 하늘을 나는 데 도움이 된다.

여러 다른 환경에서 살아가는 새들은 서로 먹이 습성도 다르고, 부리도 제각기 다른 형태로 진화했다. 맹금류의 강하고 튼튼한 갈고리 같은 부리는 사냥물을 갈가리 찢을 수 있고, 넓적부리의 넓적한 부리는 수중의 부유 생물을 걸러먹는 데 도움이 된다. 벌새는 가늘고 긴 부리를 꽃송이 안에 깊숙이 넣어 꿀을 빨아먹는다. 새들의 각기 다른 모양의 부리는 각자의 다양한 먹이 활동에 적합할 뿐 아니라 둥지를 짓는 데 필요한 풀이나 털 등의 건축 자재를 집어 올리는 데에도 유용하다. 한 마디로 부리는 새에게 요긴한 '손'이기도 한 셈이다.

부리는 각질층이 혈관 신경과 골격을 감싸고 있어 두개골보다 유연하게 움직일 수 있고, 먹이를 집어 올리거나 붙드는 데도 유리하다. 일부 물새들은 부리가 살짝 휘어지는 '탄성 부리'로 다양한 체형의 사냥물을 잡아먹을 수 있다.[6]

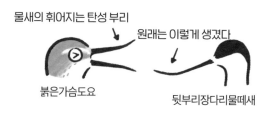

물새의 휘어지는 탄성 부리

원래는 이렇게 생겼다

붉은가슴도요

뒷부리장다리물떼새

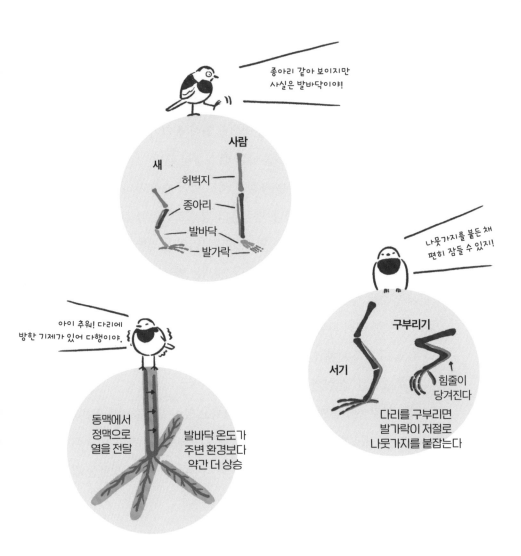

40

새는 발가락으로 걷는 동물

새는 발가락만 땅에 붙이면서 걷는 '지행동물digitigrade'이다. 개와 고양이, 공룡도 이렇게 발가락만 땅에 붙이면서 걷는다. 그에 비해 사람은 발가락과 발바닥 전체를 땅에 붙이면서 걷는 '척행동물plantigrade'이다. 사람들이 새의 다리라고 여기는 부분은 사실 다리가 아니다. 우리 눈에 새의 다리로 보이는 부분의 윗부분은 종아리, 아랫부분은 발바닥이고, 땅바닥에 닿는 부분은 새의 발가락이다. 새의 허벅지와 무릎은 몸통의 깃털에 가려져 있다. 마저 더 언급하자면, 말처럼 발끝의 발굽으로 걷는 동물은 '제행동물unguligrade'이라 한다.

　나무 위에서 생활하는 새들은 다리를 '쭈그리면' 발바닥까지 일직선으로 연결된 힘줄이 발가락을 저절로 구부려 나뭇가지를 꽉 붙들게 된다. 그래서 그대로 잠이 들어도 새는 나뭇가지에서 떨어질 염려가 없다. 잠에서 깨면, 다리를 쭉 펴기만 해도 발가락이 곧게 펴져서 하늘로 곧장 날아오를 수 있다!

　홍학이나 다른 많은 물새는 '한쪽 다리로만 선 채' 쉬거나 잠을 자는데, 이는 외부 환경과의 접촉 면적을 줄여 열을 빼앗기지 않기 위해서다. 새들은 보통 다리 속 혈관의 '역류 교환'으로 보온 효과를 누린다. 새들의 다리 안에 있는 혈관은 동맥과 정맥이 바로 옆에 붙어 있어서, 동맥의 따뜻한 피가 발바닥까지 흐르는 동안 혈관벽을 마주하고 있는 정맥도 '따뜻하게 데워 준다.' 그 덕에 발바닥의 온도는 외부 환경과 거의 비슷해진다. 홍학은 한쪽 다리로만 서 있을 때 체중과 지표면의 반작용으로 정적 평형static balance을 유지한다. 그래서 두 다리로 서 있을 때보다 훨씬 안정적이고 힘도 덜 든다![7]

한쪽 다리로만 서 있을 때
오히려 더 안정적!

다양한 색과 무늬의 깃털

깃털은 새의 가장 중요한 특징이자, 하늘을 나는 데 필요한 중요한 구조다. 그러나 깃털이 새들만의 특징은 아니다. 약 2억 년 전, 공룡의 조상에게도 깃털 비슷한 것이 있었다. 다만 그 구조의 복잡성이 조금 달랐을 뿐이다. 어떤 동물들의 것은 파충류의 비늘과 더 비슷했고, 어떤 동물들의 것은 이미 현생 조류의 깃털에 가까웠다.[8]

새의 온몸은 깃털로 덮여 있다. 하나하나의 깃털이 새의 온몸을 덮는 '깃옷'을 이루고 있는 것이다. 깃털은 새의 비행에도 필요하지만, 절연층을 형성하여 보온 기능도 수행한다. 바로 이런 특성 때문에 인간도 새의 깃털로 다운재킷이나 오리털 이불을 만든다. 뉴기니섬에 사는 극락조 수컷의 화려한 깃털은 암컷에게 구애하기 위한 것이고, 색과 무늬가 주위 환경과 비슷한 깃털은 천적을 피해 은신할 수 있도록 돕는다. 한편, 깃털의 색과 광택은 그 새의 건강 상태도 반영한다. 새 한 마리의 전신을 덮고 있는 깃털은 그 형태에 따라 크게 여섯 종류로 나눌 수 있다.

사바나쏙독새의 깃털

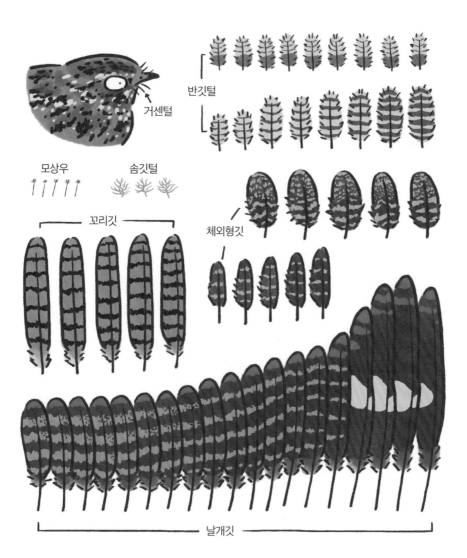

거센털

반깃털

모상우 솜깃털

꼬리깃

체외형깃

날개깃

1. 체외형깃(겉깃털) / contour feather
새의 외관을 이루는 주요 깃털. 깃대가 뚜렷하며 그 좌우로 대칭을 이루고 있다.
아랫부분의 부드러운 털은 보온 기능을 수행한다.

2. 날개깃 / flight feather
비행에 쓰이는 중요한 깃털로, 통상 비대칭이다. 날개깃과 꼬리깃을 포함하고 있
으며, 비상 시 항력과 추진력을 만들고, 비행 시 균형과 방향을 조절하는 역할을
한다.

3. 솜깃털 / down feather
자잘한 솜털이 붙어 있는 깃털. 깃대랄 것은 딱히 없으며 보온이 가장 중요한 기
능이다.

4. 반깃털 / semiplume
깃대가 뚜렷하지만, 깃가지는 체외형깃처럼 조밀하지 않다.

5. 모상우 / filoplume
가늘고 길며 끄트머리에 약간의 솜털이 붙어 있는 깃털. 주변 물체나 공기 변화를
감지하는 것이 주요 기능이다.

6. 거센털 / bristle
깃대만 있는 깃털. 주로 부리 주위에 있고, 고양이나 쥐의 수염처럼 주변의 변화
를 감지하거나 날벌레를 잡아먹는 데 쓰인다.

새들의 감쪽같은 은신술

자신의 종적을 감추기 위해, 쉽게 발견되지 않기 위해, 포식자에게 잡아먹히지 않기 위해, 깃털 색이나 알의 무늬가 주변 환경과 물아일체 된 새들이 있다. 동물들의 이런 수법을 위장이라 한다.

이따금 제 몸과 비슷한 색깔의 지표면에 내려와 앉아 있는 쏙독새라든가 눈밭에 묻힌 듯 하얀 뇌조, 나무줄기와 하나가 되어 있는 올빼미와 포투 등은 모두 은신술의 대가다. 여기에 위장 행동까지 더해지면 최상의 효과를 발휘한다. 이를테면, 수풀 사이에서 목을 길게 빼고 서 있는 열대붉은해오라기가 바람 불 때 풀과 함께 몸을 조금씩 흔드는 것처럼 말이다.

많은 물떼새과 조류의 턱에 있는 검은 띠무늬는 새의 몸 전체의 윤곽을 시각적으로 파괴하는 효과가 있다. 물떼새는 땅바닥에 바로 알을 낳아서 부화시키는데, 알에서 태어난 유조*의 깃털은 그 색과 무늬가 주변 지표면과 매우 흡사하다.

배경 환경과 완벽하게 어우러지기 위해서는 은신하는 지점도 중요하다. 같은 종이라도 개체마다 깃털 색과 알의 무늬는 조금씩 다르기 때문이다. 연구 결과, 쏙독새와 물떼새는 자신의 깃털 색이나 알 무늬와 최대

---

* 幼鳥, 어린 새

감쪽같은 은신술

보호색이 놀라운
사바나쏙독새

목을 길게 빼고 풀인 척하는
열대붉은해오라기

눈밭의 하얀 뇌조

검은 띠무늬로 몸의 윤곽을 파괴하는
꼬마물떼새

나무줄기인 척하는 포투

물떼새과의 알과 유조는
주변 환경과 물아일체

흰물떼새 유조

검은가슴물떼새 유조

북아메리카귀신소쩍새는
나무줄기 그 자체

한 비슷한 장소를 직접 고른다고 한다. 그러므로 같은 종의 쏙독새라도 개체마다 최종적으로 선택한 장소는 조금씩 다를 수 있다. 우리 눈에는 전부 비슷해 보이는 자갈·모래·흙밭이라 해도 쏙독새의 눈에는 엄청난 차이가 있을 수 있다![9]

어디에 숨을까?

여름과 겨울에 깃털을 갈아입는 학도요

물새는 1년에 2번 깃털갈이를 해.

참새는 깃털갈이 후에도 별 차이 없어 보이지.

칙칙한 회색 깃옷의 겨울 학도요

여름이 되면 번식우가 도드라진다

엇, 누구세요?

깃털의 환골탈태

깃털은 오랜 시간 햇빛, 빗물, 바람 등에 노출되고 나면 퇴색하고 마모된다. 특히 깃털의 가장자리와 끄트머리가 손상되기 쉽다. 그래서 새들은 깃털을 최상의 상태로 유지하기 위해 주기적으로 깃털갈이를 한다.

깃털갈이 방식은 종마다 다르다. 물새들은 보통 1년에 2번 깃털갈이를 한다. 번식기를 앞두고 화려한 구애용 깃옷으로 갈아입고, 번식기가 끝나면 칙칙한 회색 깃옷으로 갈아입으며 월동 준비를 한다. 그때그때의 서식 환경과 조화를 이루는 것이다. 그런가 하면, 참새처럼 번식기와 비번식기의 깃옷에 큰 차이가 없어 1년 내내 똑같아 보이는 새도 있다.

새의 깃털이 자라는 데는 많은 에너지가 소모된다. 그래서 깃털갈이 시기는 바쁘고 피곤한 번식기나 철새의 이동철을 피한다. 갓 이소한 유조는 성조*에 비해 깃털 색깔이 옅고 어두운 편이다. 유조는 완전히 성숙하기 전까지 여러 번의 깃털갈이를 경험하면서 성조가 되어 간다. 성조가 되기까지 걸리는 시간은 종마다 다른데, 흰머리수리 같은 대형 맹금류는 대략 5년 이상이 소요된다!

* 成鳥, 다 자라 번식할 수 있는 어른 새

키위와 칼부리벌새의 골격

날지 못하는 키위 **VS** 비행 기교가 현란한
칼부리벌새

흉골 평평 돌기

유조에서 성조로 변모하는 흰머리수리

1세 3세 5세

정밀한 골격

조류의 뼛속은 비어 있지만, 비행에 필요한 강도를 유지하기 위한 지지대로 채워져 있다. 그래도 체중은 가볍게 유지된다. 반면, 펭귄처럼 날지 못하는 새는 뼛속이 비어 있지 않다. 조류의 뼈는 많은 작은 뼈들의 유합癒合으로 이루어져 있다. 살점이랄 게 없는 닭의 날개끝은 손목뼈carpal와 손바닥뼈metacarpal로 이루어져 있는데, 이 두 개의 뼈가 유합되어 하나의 팔목손바닥뼈carpometacarpus를 이루고 있다. 이런 구조는 연골과 인대를 많이 필요로 하지 않기 때문에 몸의 무게를 줄이면서도 강도를 유지할 수 있다. 조류의 늑골 사이에 있는 '구상돌기uncinate process'는 늑골들을 서로 연결해 전체 늑골의 강도를 높인다.

『삼국지』에서 조조는 "계륵, 계륵이라…. 먹자 하니 먹을 것은 없고 버리자니 아깝구나"라고 했지만, 늑골은 조류에게 매우 중요한 기관이다. 늑골 안에 폐와 기낭(공기주머니)이 있기 때문이다. 기낭은 공기를 저장하고 호흡을 보조할 수 있으며, 폐가 공기를 들이마시고 내쉴 때 새로운 공기가 통과할 수 있도록 만들어 심폐 순환 효율을 높인다.

새가 날아오를 때 '날개를 퍼덕이는' 것은 꼭 필요한 동작인데, 이때 가장 핵심이 되는 골격이 견갑골scapula, 차골furcula, 오훼골coracoid로 이루어진 흉대, 그리고 새의 비행에 필요한 핵심 근육이 붙어 있는 용골carina과 흉골sternum이다.

키위처럼 날지 못 하는 새는 이런 골격이 잘 발달하지 않았지만, 비행 초고수인 칼부리벌새는 신체 비례상 흉골이 가장 높은 비율을 차지하고 있다. 앞으로는 치킨을 먹을 때 이러한 골격과 근육의 형태, 위치도 잘 관찰해 보자.

조류만의 특화된 골격 구조

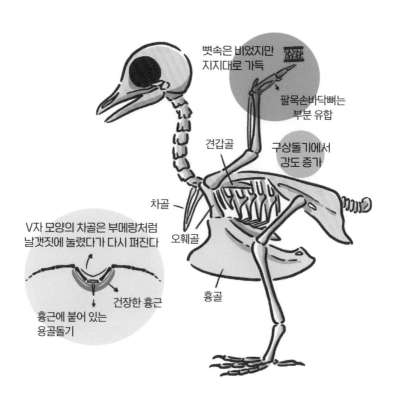

뼛속은 비었지만
지지대로 가득

팔목손바닥뼈는
부분 유합

견갑골

구상돌기에서
강도 증가

차골

V자 모양의 차골은 부메랑처럼
날갯짓에 눌렸다가 다시 펴진다

오훼골

건장한 흉근

흉골

흉근에 붙어 있는
용골돌기

서로 다른 세 가지 시야의 범위

난 네가 보여!

난 너 안 보여!

난 이래도 네가 보여!

난 머리를
270도 돌릴 수 있지!

쌍안시

단안시

비둘기

아메리카우드콕

올빼미

시각의 시야

대부분의 새는 먹이를 찾을 때나 하늘을 날 때, 짝을 찾을 때, 도망갈 때 모두 시각에 의존한다. 새들은 체구에 비해 안구가 큰 편이다. 타조의 안구는 사람 안구의 2배 크기로, 타조의 뇌보다 더 크다![10] 크고 둥근 눈은 타조에게 넓은 시야와 또렷한 상을 갖게 한다.

새들의 눈은 보통 머리의 좌우 양쪽에 있는데, 이런 눈은 시야가 넓어 포식자가 다가오는 것을 알아채는 데 유리하다. 그러나 이런 단안시 monocular vision로는 거리를 판단하기가 어렵다. 게다가 조류의 눈은 회전 범위가 제한되어 있어 사람처럼 이리저리 눈을 굴리지 못 한다. 다행히 유연한 목이 이런 단점을 보완한다. 올빼미는 가끔 머리를 좌우로 돌려가며 단안시로도 여러 각도에서 거리를 판단한다. 비둘기는 걸을 때 머리를 먼저 내밀어 고정해 놓고 그다음에 몸을 움직이는데, 이렇게 하면 시야가 훨씬 안정적이고 상이 또렷해진다. 개구리매나 올빼미 등의 맹금류는 사람처럼 눈이 머리의 앞쪽에 있어서 양쪽 눈의 시야가 겹치면서 입체적인 시각을 만든다. 이러한 입체 시각은 사냥물까지의 거리와 위치를 판단하는 데 유리하다. 아메리카우드콕은 무려 360도 시야를 가지고 있어, 앞을 보고 있어도 후방이 보인다![11]

암수 깃털의 UV 반사가 다르다

어머, 오빠! 　　　 아이 귀여워 💜

푸른꼬리벌잡이새

밭쥐의 오줌 흔적도 자외선을 반사

여기 밭쥐가 있군!

황조롱이

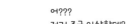

기생 새의 알과 숙주 새의 알은 UV 반사 정도가 다르다

어???
저거 조금 이상한데?

개개비

새끼의 건강 상태가 다르면 UV 반사 정도도 다르다

누구에게 먹일까?

나요, 나!

유럽찌르레기

자외선에 숨겨진 시각 정보

우리 눈에는 새들이 다 같은 새로만 보일지 모르지만, 새들 눈에는 엄연히 암수가 유별하다. 새의 눈은 인간이 볼 수 없는 자외선도 볼 수 있기 때문이다. 사람 눈의 원추 세포는 가시광선까지만 볼 수 있지만, 새의 눈은 자외선도 볼 수 있다.

자외선도 볼 수 있는 새들이 보는 세계는 우리 인간이 보는 세계와 많이 다르다. 대만의 진먼金門섬에서 번식하는 푸른꼬리벌잡이새는 암컷과 수컷의 깃털 색이 거의 똑같아 인간의 눈으로는 구분이 어렵다. 그러나 자외선을 식별하는 새의 눈에는 암수의 외관이 확연히 다르다![12]

브란트밭쥐*Lasiopodomys brandtii*는 개처럼 오줌으로 영역표시를 하는데, 황조롱이는 바로 이 오줌 흔적에서 반사된 자외선으로 브란트밭쥐의 종적을 찾는다.[13] 탁란, 즉 부화 기생을 당했을 때도 자외선 하에서는 자신이 낳은 알과 다른 새의 알이 완전히 다르게 보여, 외부의 알만 골라 둥지 밖으로 밀어낼 수 있다.[14]

그 밖에도, 자외선을 보는 시각으로 새끼들의 성장 상태도 확인할 수 있다. 유럽찌르레기 유조는 체중이 많이 나갈수록 자외선을 강하게 반사하는데, 유럽찌르레기 어미새도 이렇게 자외선을 강하게 반사하는 새끼에게 먼저 먹이를 먹이려는 경향이 있다. 이런 시기에는 통통하게 자란 새끼일수록 더욱 투자 가치가 있기 때문이다.[15][16]

숨어 있는 귀

→ 그냥 깃털

귀는 여기에

구조의 차이

새

청골

달팽이관 속 유모 세포가 주기적으로 재생

사람

달팽이관

비대칭 귓구멍

올빼미는 비대칭 귓구멍으로 소리가 어디에서 오는지 판단할 수 있다

후, 후, 후

칡부엉이 울음소리

정보를 매개하는 청각

새에게 소리는 정보를 전달하는 중요한 매개다. 작은 새들은 노래도 잘 하지만, 청력도 좋다. 종마다 청력의 범위에 조금씩 차이가 있지만, 대부분의 새가 가장 민감하게 감지하는 주파수대는 1,000~5,000㎐ 사이로 사람과 크게 다르지 않다. 하지만 새들이 음의 높낮이와 리듬을 사람보다 더 잘 분별한다.

그런데도 우리는 그동안 새들의 '귀'에는 별 관심을 기울이지 않았다. 새에게는 사람의 '귓바퀴' 같은 것이 눈에 띄지 않았기 때문이다. 새들의 귀는 눈의 뒤쪽에, 눈이 있는 높이보다 조금 아래에 있는 작은 구멍이다. 그런데 이 '귓구멍'은 대개 깃털에 가려져 있다. 칡부엉이는 마치 '귀'가 있는 것처럼 보이는데, 귀처럼 보이는 그 부분은 사실 '귀뿔깃', 즉 깃털이다.

새는 귓속도 사람과 많이 다르다. 사람의 달팽이관은 나선형이지만, 새의 달팽이관은 직선형 혹은 살짝 굽은 막대형이다. 노랫소리가 복잡한 새일수록 복잡한 소리를 처리하기 위해 긴 달팽이관을 가지고 있다. 유럽울새의 달팽이관은 닭보다 훨씬 길다. 새들은 달팽이관 내부의 중요한 감각 기관인 '유모 세포'가 주기적으로 재생되는데, 사람은 그렇지 않다. 그래서 사람은 한번 유모 세포가 손상되면 영구적으로 청력이 손상되고, 나이가 들수록 고주파음을 잘 듣지 못하게 된다.

새에게는 외부의 정보를 받아들이는 것 못지않게 그 소리가 어디에서 오는지 판단하는 것도 중요하다. 특히 청력으로 먹이를 찾는 올빼미와 부엉이는 귓구멍이 하나는 높은 위치에, 다른 하나는 낮은 위치에 비대칭으로 존재하는데, 이런 비대칭 귓구멍은 소리가 어디에서 오는지 판단하는 데 매우 유리하다. 야행성인 기름쏙독새는 고주파음을 발사한 뒤 되돌아오는 소리를 통해 대상물의 위치나 장애물과의 거리를 파악하는 반향정위echolocation를 한다. 그래서 박쥐처럼 깜깜한 동굴 속에서 날더라도 벽에 부딪히지 않을 수 있다.[17]

기름쏙독새는 음파로 반향정위를 한다

우린 다 볼 수 있어~

푹! 푹! 푹!

붉은가슴도요는 촉각으로
개펄 속에 숨어 있는
먹이를 찾는다

부리 끝의
감각 기관

변화를 감지하는 촉각

새들은 피부, 혀, 두 다리, 부리 등 온몸에 감각 기관이 있다. 그중에서도 가장 주목할 만한 것은 부리의 촉각이다.

부리는 단순히 '여러 형태의 뼈' 덩어리가 아니다. 물속이나 흙, 개펄에서 먹이를 찾는 새들, 즉 붉은가슴도요 같은 도요새류나 오리·기러기류, 따오기류, 키위 등의 새들은 부리 끝에 있는 작은 구멍에 아주 많은 감각 기관이 있다(마치 사람의 손가락처럼). 새의 부리 끝은 촉각에 매우 민감하다. 어떤 새들은 부리에 1mm^{2}당 수백 개의 감각 수용체가 있어서 개펄 속에서도 진흙이나 공기, 물의 압력 변화를 감지할 수 있다.[18][19]

진흙 속에서도 부리의 감각만으로 먹이 탐색의 효율을 크게 높일 수 있는 것이다. 사람은 주로 시각에 의존해서 살아가기 때문에 이런 기술이 어떤 것인지 상상하기 어렵다. 이것은 마치 부리로 습지의 진흙밭을 훑으면서 맛있는 게 있나 없나 '보는' 것과 비슷하다.

새의 깃털도 감각 기관 역할을 할 때가 있다. 대만오색조와 기름쪽독새의 부리 주위에는 가늘고 긴 '수염깃'이 있다. 이 수염깃은 특화된 체외 형깃으로, 특히 아랫부분에 신경이 밀집해 있다. 이런 수염깃의 역할은 고양이나 쥐의 수염처럼 주위의 환경 변화를 감지하는 것이다.[20]

주위 환경의 변화 감지를
책임지는 수염깃

그거, 먹을 수 있는 거야?

윽! 못 먹겠어

흐미….

맛을 느끼는 미각

새도 먹이가 '맛있다'거나 '맛이 없다'고 느낄까? 물론이다. 다만 맛에 그렇게까지 민감하지 않을 뿐이다. 새에게도 사람처럼 화학 물질 수용체인 미뢰가 300여 개 존재한다(사람의 미뢰는 약 1만여 개). 새의 미뢰는 혀만이 아니라 부리의 내부 혹은 구강 깊은 곳에도 존재한다.

　미각은 새 자신을 보호하는 중요한 기능도 한다. 새에게는 먹이가 '맛있는지'보다 '먹을 수 있는지'를 판단하는 게 훨씬 중요하다. 건강을 위협하는 먹이라면 덜컥 삼켜 버리기 전에 얼른 뱉어야 한다. 그런 의미에서 새가 '입에 안 맞는' 벌레나 과일을 뱉는 것은 자신을 보호하기 위한 행동이기도 하다. 사람도 너무 자극적인(너무 맵거나 짜거나 단) 음식을 먹었을 때는 충동적으로 뱉어 버리지 않는가.

　그런데 먹으면 안 되는 위험한 먹이를 순간적으로 삼키기라도 하면? 먹이를 물었을 때 미각이 재빨리 반응하는 것도 중요하지만, 그 전에 관찰을 통해 먹을 수 있는 것인지 아닌지 잘 판단해야 한다.

　박새의 경우, 다른 박새가 그 먹이를 먹기 힘들어 하거나 뱉어 버리거

잘 좀 감별해!

나 발로 걷어차는 등의 행동을 보이면 32%의 박새가 그 먹이를 먹지 않는 게 좋겠다고 판단하고 다른 먹이를 구한다는 연구 결과가 있다. 이런 학습 행위는 자신을 보호하기 위한 것일 뿐 아니라 다른 새들의 먹이 행동에도 영향을 미친다.[21]

냄새 따라 불원천리

터키콘도르는
먼 곳의 사체 냄새도 맡을 수 있어

나그네앨버트로스는 20km 바깥의
먹이 냄새도 맡을 수 있지

푸른바다제비는 밤에도 둥지의 위치를
냄새로 알 수 있고

키위는 지표면 3cm 아래에 있는
지렁이의 냄새도 맡을 수 있어

냄새를 맡는 후각

배가 고프면 눈으로 사냥감을 찾거나 귀로 사냥감의 동정을 들을 수도 있지만, 민감한 후각으로 냄새를 맡아 먹이를 찾을 수 있는 새도 있다!

뉴질랜드의 국조인 키위는 날지도 못하고 시력도 나쁜 데다 야행성이기까지 하지만, 부리 끝에 있는 비공(콧구멍)으로 흙이나 낙엽 사이에 있는 벌레의 냄새를 맡는다. 키위는 지표면에서 3cm 아래에 있는 지렁이의 냄새도 맡을 수 있다.[22] 동물 사체의 고기를 먹는 터키콘도르는 하늘을 날면서도 숲속의 낙엽에 덮여 있는 동물 사체의 냄새를 맡을 수 있다. 후각이 그다지 예민하지 않은 검은대머리수리는 터키콘도르를 뒤따라가는 방식으로 먹이를 구한다.[23] 그 밖에도 바다제비나 앨버트로스 같은 바닷새는 망망대해에서도 특유의 예민한 후각으로 먹이를 찾아낸다. 나그네앨버트로스는 20km 바깥에서도 먹이의 냄새를 맡을 수 있다.[24]

푸른바다제비Halobaena caerulea는 칠흑 같은 어둠 속에서도 냄새만으로 해안가 지하에 있는 자신의 둥지를 찾아갈 수 있고, 냄새로 자신이 낳은 알과 다른 새의 알을 구분할 수도 있다.[25] 이렇게 후각이 민감한 종은 전뇌forebrain에서 후각의 감지를 책임지는 후구嗅球가 다른 종의 새들보다 크다!

한편, 새들은 깃털을 고를 때 꽁무니 아래쪽의 미지선uropygial gland에서 분비되는 기름을 온몸의 깃털에 바르는데, 미지선에 있는 각종 세균이 만들어 내는 여러 냄새의 혼합이 곧 그 새의 냄새가 된다. 그래서 미지선의 균상齒相이 달라지면, 미지선 기름을 깃털에 발랐을 때의 냄새도 달라져 짝 선택에까지 영향을 미친다.[26]

검은눈방울새

더울 때는 이렇게!

1. 서늘한 데로 가 숨는다

2. 시원한 물에서 목욕

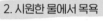

**3. 헐떡이거나 목을 흔들어
수분을 증발시킨다**

**4. 다리 위로
응가**

끙~

우린 땀샘이 없어서
체온을 낮추기 힘들어!

5. 부리의 혈류 속도를 높여 열을 방출

부리 좀 나한테
들이대지 말아줄래?

새들의 체온 조절

조류도 사람처럼 체온을 일정하게 유지하는 항온동물이다. 그런데 새들은 대사 속도가 빨라 체온도 39~43℃ 사이로, 포유동물보다 약간 더 높은 편이다.

환경의 온도가 변화하면 새들도 체온을 조절해서 안정적으로 생리 기능을 유지해야 한다. 날씨가 더워 체온이 올라가면 사람은 땀을 흘려 열을 배출하지만, 새들은 땀샘이 없어서 더위에 녹아내릴 것 같아도 땀을 흘릴 수 없다. 그래도 새들 나름의 방법은 있다. 너무 더우면 서늘한 데 숨어 있으면서 활동량을 줄이거나, 시원한 물에 들어가 목욕을 하거나, 숨을 헐떡이거나, 목을 좌우로 흔들어 체내의 수분을 증발시키거나, 깃털로 덮여 있지 않은 다리나 부리 부분을 통해 열을 배출할 수 있다. 그중 가장 독특한 방법은 나무황새가 자신의 다리 위에 똥을 누어 열을 흡수하는 방식으로 체온을 식히는 것이다.[27] 토코투칸의 큼직한 부리에는 혈관이 많은데, 체온이 올라가면 혈류의 속도를 높여 열을 배출한다.[28]

그럼 추울 때는 어떻게 할까? 깃털을 부풀려 깃털 사이사이의 빈틈에 공기를 가두어 둠으로써 보온한다. 겨울이 되면 새들이 유독 통통해 보이는 이유다. 깃털이 덮여 있지 않은 다리나 부리는 구부리거나 몸 안으로 숨겨서 체온 유실을 막는다. 그래서 잘 때도 이런 자세를 취하는 새들이 많다. 그 밖에도 먹이를 많이 보충해서 열량을 높이거나, 나뭇잎 사이나 나뭇구멍 안에 숨어서 외부 환경과 차단되면 좀 더 따뜻하게 지낼 수 있다. 작은동박새와 오목눈이처럼 작은 새들은 밤이 되면 한자리에 빽빽이 모여서 잠으로써 체온을 일정하게 유지한다. 남극처럼 극도로 추운 지역에서는 수백 마리의 황제펭귄이 한덩어리로 뭉쳐 있으면서 37.5℃ 정도의 체온을 유지한다.[29]

나도 온기가 필요해!!!

새들은 멍청하지 않다!

감히 날 속여?! 똑똑히 기억해 두겠어!!!

미국까마귀는 자기를 속인 사람의 얼굴을 기억한다

와우~ 이렇게 잘생긴 나

까치는 거울에 비친 자신을 알아본다

벌레 끄집어내야지

뉴칼레도니아까마귀는 도구를 사용한다

안녕

Hello

회색앵무는 사람의 말을 배워 따라할 수 있다

큰유황앵무는 장난꾸러기!

새의 지능

새들은 뇌가 작지만, 여러 가지 복잡한 인지 행위를 할 수 있다. 새의 이러한 인지 행위는 과학자의 탐구욕을 자극한다.

미국까마귀는 사람의 얼굴을 식별할 수 있고, 자신에게 해를 끼친 사람의 얼굴을 기억할 수 있다. 연구자들이 특정 가면을 쓴 채 일부러 미국까마귀를 괴롭혔더니, 며칠 후 가면을 쓰지 않은 사람은 미국까마귀의 공격을 받지 않았고, 가면을 쓴 사람은 그게 누구든 미국까마귀의 공격을 받았다.[30]

까치는 거울에 비친 자신의 모습을 알아본다. 과학자들이 동물의 얼굴에 표시를 하여 거울에 비추었을 때, 그 동물이 거울을 보고 나서 자신의 얼굴을 만지작거리는지 실험해 보았다. 거울에 비친 모습이 '자기 자신'인지를 알아보는가에 관한 실험이었다. 이 실험을 통과한 소수의 동물들 가운데 까치만이 조류였고 나머지는 전부 포유류였다.[31]

뉴칼레도니아까마귀는 도구를 사용해서 먹이를 잡아먹는다. 나뭇가지에서 잔가지를 하나 꺾어, 나무줄기의 틈새에 넣었다 뺐다 하면서 작은 벌레들을 끄집어낸다. 많은 소형 명금류들은 다른 새의 노래 기교를 학습하는데, 그중 앵무는 사람의 말을 배워서 따라할 수 있다.

연구 결과, 이런 특성은 새의 뇌에 존재하는 대량의 뉴런과 관련 있는 것으로 밝혀졌다. 큰유황앵무와 회색앵무는 뇌의 무게 차이가 세네갈갈라고*Galago senegalensis*와 10g밖에 나지 않지만, 큰유황앵무의 뉴런 수는 세네갈갈라고의 2배에 이른다. 특히 까마귀와 앵무는 전뇌 뉴런의 밀도가 꽤 높은 편인데, 이렇게 빽빽이 연결된 뉴런은 정보 처리 능력을 강화할 뿐 아니라 조류의 지능 행위에도 영향을 미친다.[32]

뇌내 뉴런 수가
세네갈갈라고의 2배

기묘한 자세의 푸른꼬리벌잡이새들

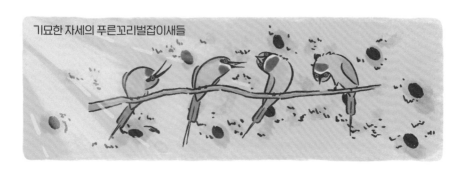

실은 일광욕으로 고온 살균 중

도망쳐!!!

으아아

← 기생충

더러움과 벌레를 없애는 청결 유지법

새들은 매일 목욕을 하지는 않지만, 깃털 손질은 빼먹지 않는다. 깃털은 수많은 미세 줄기인 '깃가지'로 이루어져 있는데, 이 깃가지에서 다시 '작은 깃가지'들이 뻗어 나와 갈고리처럼 서로 얽힌 채 배열되어 전체 깃털을 이루고 있다. 만약 더러움을 방치했다가 기생충이 생겨서 깃털을 갉아먹기라도 하면, 깃털 구조가 망가져 비행에도 어려움을 겪는다.

그래서 새들은 깃털을 항상 최상의 상태로 유지하기 위해 얕은 물가에서 온몸을 흔들며 목욕을 하거나, 모래알이 깃털의 유분을 흡착하면서 기생충도 떨어져 나가도록 모래밭을 구른다. 햇볕 쨍쨍한 날에는 두 날

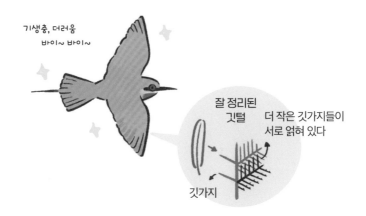

기생충, 더러움
바이~ 바이~

잘 정리된
깃털

더 작은 깃가지들이
서로 얽혀 있다

깃가지

개를 활짝 펴고 일광욕을 하는데, 이렇게 하면 고온 살균 효과가 있을 뿐 아니라 혈액 순환도 촉진된다!

어떤 새들은 개미굴 앞에 엎드려 개미가 자신의 몸을 타고 올라오도록 만들거나, 직접 개미를 물고 제 몸에 문지른다. 개미가 분비하는 포름산formic acid으로 기생충을 제거하기 위해서다. 이렇게 깃털을 깨끗이 다듬고 나면, 꽁무니의 미지선에서 분비되는 기름을 부리에 묻혀 깃털에 골고루 바른다. 이렇게 하면 깃털에 윤기가 날 뿐만 아니라 방수 효과도 생긴다. 그 다음, 깃털의 깃가지를 다시금 가지런히 정리하는 것이다!

해가 졌어!

작은 새들은
나뭇가지 위에서 잔다

유럽칼새는
비행하면서 잔다

오리는 자면서도
한쪽 눈을 뜨고 천적을 살핀다

반만 자는 수면

다른 많은 동물이 그렇듯 새도 잠을 잔다. 그런데 놀랍게도 새들은 반은 깨어 있는 상태로 잔다. 뇌의 반만 휴식을 취하고, 나머지 반은 계속 활동하는 것이다!

오리는 자면서도 한쪽 눈을 뜬 채 천적을 살피고, 큰군함조도 뇌의 반쪽은 깨어 있고 나머지 반쪽은 쉬면서 선잠을 잔다. 큰군함조는 바다 위에서 2개월 연속 비행하는 내내 한 번도 착지하지 않는다.[33] 유럽칼새는 무려 10개월 이상을 비행하면서 수면은 물론이고 식사와 배설, 심지어 교미까지 완수한다.[34]

어떤 새들은 밤에 잘 때 먹이도 구할 수 없고 주위 환경의 온도도 낮아지기 때문에 동면 상태와 비슷한 절전 모드로 들어간다. 이런 상태를 '토르퍼torpor'라 한다. 체온과 신진대사를 낮추어 에너지 소모를 감소시키는 것이다. 벌새의 체온은 낮에 40℃지만 밤중의 토르퍼 상태에서는 20℃까지 떨어진다. 분당 심장박동은 낮에 1,000회에 이르지만, 밤에는 48~180회까지 떨어진다. 토르퍼 상태에 들어간 벌새는 아침에 깨어난 뒤로도 다시 체온을 높이기까지 비교적 긴 시간이 걸린다.[35]

어머! 얜 왜 이렇게 자니?

02

먹이와 식성

새들은 이빨이 없어서
삼킨 먹이는 모이주머니에 잠시 보관한다

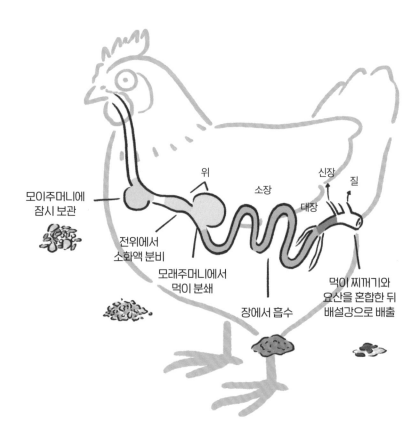

위

소장

신장

질

대장

모이주머니에
잠시 보관

전위에서
소화액 분비

모래주머니에서
먹이 분쇄

장에서 흡수

먹이 찌꺼기와
요산을 혼합한 뒤
배설강으로 배출

조류의 소화 계통

여러 높이의 해발 고도, 여러 종류의 서식지 등 각기 다른 생존 환경에 분포하는 전 세계 1만여 종의 새들은 각기 다양한 생활 방식과 먹이 행동을 갖추도록 진화했다. 새들의 먹이는 씨앗, 과일, 꽃의 꿀, 벌레, 절지동물, 소형 동물, 물고기 등 종류도 다양하다.

하지만 새들은 먹이를 씹을 수 있는 이빨이 없어서 먹이를 오래 물고 있지 않고 곧장 삼켜버린다. 삼킨 먹이는 식도를 거쳐 모이주머니에 잠시 저장되는 동안 부드러워진다. 일부 기러기류는 식도나 모이주머니에 물고기 한 마리를 통째로 보관할 수 있고, 참새류는 모이주머니에 씨앗을 보관할 수 있다. 비둘기와 홍학, 일부 펭귄은 모이주머니에 보관하고 있던 먹이와 소화액의 혼합물을 토해내 새끼에게 먹이는데, 이 혼합물을 소낭유嗉囊乳 혹은 피전 밀크pigeon milk라고 한다.

모이주머니에 있던 먹이는 '위'로 가는데, 새의 위는 전위와 모래주머니로 이루어져 있다. 전위의 위샘에서는 단백질 분해 효소인 펩신pepsin과 염산 등의 소화액을 분비하여 먹이의 단백질 성분을 분해한다. 모래주머니의 튼튼한 위벽 안에서는 새가 먹이와 함께 삼킨 자잘한 돌조각들이 먹이의 분쇄를 돕는다. 씨앗을 먹는 새들은 모래주머니가 특히 발달해 있다. '근위'라고도 하는 닭의 모래주머니는 튼튼한 위벽 때문에 사람이 먹었을 때 쫄깃한 식감이 느껴진다. 동물 사체의 고기를 먹는 콘도르는 부식성 강한 위산을 분비해서 부패한 고기의 독소와 세균을 파괴한다.

그렇게 소화된 먹이는 장으로 가서 영양분이 흡수되는데, 포유동물에 비하면 새들은 장이 짧은 편이다. 그만큼 흡수 효율이 높고, 에너지의 소모와 체중을 줄여 비행에도 도움이 된다. 이 때문에 먹이를 먹자마자 소화·흡수된다고 할 만큼 대사 속도도 빠르다. 새들이 항상 먹이를 찾고 있는 이유이기도 하다.

또 배고파!

호아친은 모이주머니에서 대량의 나뭇잎을 소화시킨다.
이때 만들어지는 발효취 때문에 고약한 냄새가 난다!

어디서 썩은 내 안 나니?

호아친의 나뭇잎 만찬

새들이 벌레나 과일을 먹는 건 봤어도 나뭇잎을 먹는 모습은 거의 보지 못했을 것이다. 대부분의 새에게 나뭇잎은 과일이나 씨앗에 비해 영양가가 낮고 부피는 커서 소화하기 어렵기 때문에 그다지 좋은 먹이가 아니다. 그러나 남미의 아마존에 사는, 시조새처럼 생긴 호아친은 나뭇잎을 주식으로(대략 85%) 한다. 총 길이 65cm의 중대형 조류에 속하는 호아친은 활동이 민첩하지 않아 나뭇가지 위에서 굼뜨게 이동한다.

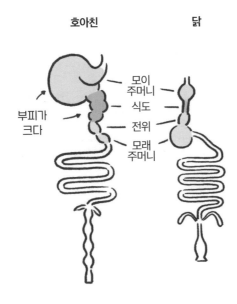

호아친   닭

모이
주머니

부피가   식도
크다
                        전위

                        모래
                        주머니

호아친은 대량의 나뭇잎을 소화하기 위한 소화 계통을 가지고 있다. 호아친이 먹은 나뭇잎들은 전위에 도달하기 전에 모이주머니에서 세균과 효소를 통해 분해·발효된다. 이것은 소의 첫 번째 위장인 혹위가 수행하는 기능과 비슷하다.

호아친은 이렇게 모이주머니와 식도가 발달해서 다른 새들보다 체구가 큰 편이다. 반면 전위와 모래주머니는 별다른 역할을 하지 않아, 진화 과정에서 크기가 작아졌다. 모이주머니 속에서 발효된 나뭇잎들은 특유의 썩은내를 풍기기 때문에 호아친에게서도 퀴퀴한 냄새가 난다. 호아친은 위가 아닌 모이주머니에서 먹이 대부분이 소화되는 유일한 조류다.

그러나 흉강의 면적에는 한계가 있어서, 이미 큰 부피를 차지해버린 모이주머니와 식도로 인해 호아친의 흉골은 작게 진화했다. 그 때문에 비행 근육이 붙어 있는 면적도 작아 비행 능력이 떨어진다. 그런데 호아친 새끼의 날개 끝에는 발톱이 있어서, 날지 못하는 대신 나무를 타고 오르내리는 데 유리하다.

곡식과 부리

씨앗을 주식으로 하는 집참새는 두꺼운 껍질을 벗기거나 단단한 알맹이를 부수기 위해 튼튼한 부리를 가지고 있다. 이런 새의 부리는 생물의 진화를 탐구하는 데 좋은 교재가 된다. 찰스 다윈Charles Robert Darwin과 진화 생물학자인 그랜트 부부Peter and Rosemary Grant는 갈라파고스 군도에 서식하는, 서로 친연 관계가 가까운 10여 종의 참새를 연구하던 중 새들의 부리가 종마다 조금씩 다르다는 사실을 발견하게 되었다. 이 새들은 서로 먹이의 종류가 달라 경쟁 관계에 있지 않았고, 단지 같은 종의 새에서 진화한 것이었다.

농업의 발달로 곡식 낟알이 점점 커지자
집참새의 부리와 두개골도 더 크고 단단해졌다

과거   현재   미래

집참새는 약 1만 년 전 중앙아시아에서 농업이 기원했을 때부터 인류와 함께 생존해 왔고, 지난 수천 년간 인류의 농업 발전과도 함께하며 유라시아 각지로 퍼져 나갔다. 그중 중앙아시아에 널리 분포해 있는 집참새 아종 *P. d. bactrianus*는 고대의 생활사 특징을 거의 그대로 유지하고 있는데, 지금도 원시의 초지와 습지에 서식하면서 야생 풀의 씨앗을 먹는다.

그런데 연구 결과, 농업이 발달하면서 곡식의 낟알이 점점 커지자 집참새의 부리와 두개골도 더 크고 단단해졌다는 사실이 밝혀졌다. 인류가 재배하는 곡식을 먹기 위해서였다. 과학자들이 이란에서 *P. d. bactrianus*를 포함한 집참새 아종 다섯 종의 두개골과 부리를 측정하여 비교한 결과, 인류와 함께해 온 아종의 부리와 두개골이 *P. d. bactrianus*보다 더 크고 단단했다.

이러한 연구 결과는 인류의 농업 발전이 조류의 진화를 견인했다는 사실을 보여준다.[36]

우와~
이거 정말 대단하다!

캐나다 산갈가마귀는
겨우내 먹을 먹이 장소들을 기억한다

캐나다 산갈가마귀의 월동 준비

계절이나 기후가 바뀌면 먹이가 많이 부족해질 수 있다. 겨울에는 더더욱 그렇지만, 힘들어도 먹이는 구해야 한다. 다람쥐는 평소 견과를 저장하기로 유명한데, 새 중에도 먹이를 안전한 곳에 저장해 두었다가 나중에 먹는 새가 있다.

캐나다 산갈가마귀는 숲을 누비며 잣 열매를 모은 뒤 뾰족하고 단단한 부리로 솔방울 같은 잣 열매를 부수고 그 안의 잣을 꺼내, 혀 밑에 있는 주머니에 가득 담고 여기저기 날아다니며 묻어 둔다. 그렇게 여름 내내 수만 개의 잣을 모아 각기 다른 5,000여 곳에 저장한다.

캐나다 산갈가마귀는 잣을 도난당하지 않도록 저장 장소를 잘 가려놓을 뿐 아니라 이 저장 장소를 모두 기억한다. '여기 큰 나무 바로 아래에 있는 큰 돌 바로 옆', 이렇게 인근 표지물을 기억하는 방식으로 저장 장소의 위치를 기억한다. 그 위에 낙엽이 쌓이거나 흰 눈으로 덮여도 캐나다 산갈가마귀는 대부분의 저장 장소를 정확히 기억해내고, 거기에 묻어 놓은 잣을 파먹는다!

혹 잊어버렸거나 다 못 먹은 잣은 그 자리에서 싹을 틔워 잣나무로 자라난다. 캐나다 산갈가마귀는 배불리 잣을 먹을 뿐 아니라 잣나무의 씨앗을 여기저기 멀리 퍼뜨리는 씨앗 전파자이기도 하다![37]

다 못 먹은 잣

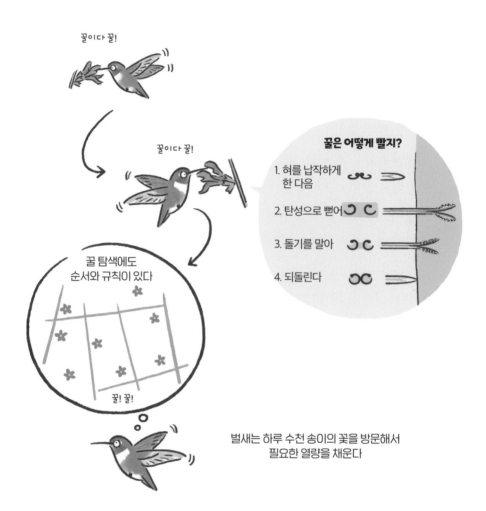

꿀이다 꿀!

꿀이다 꿀!

꿀은 어떻게 빨지?

1. 혀를 납작하게
   한 다음

2. 탄성으로 뻗어

3. 돌기를 말아

4. 되돌린다

꿀 탐색에도
순서와 규칙이 있다

꿀! 꿀!

벌새는 하루 수천 송이의 꽃을 방문해서
필요한 열량을 채운다

꿀을 찾는 벌새의 앵앵앵

벌새는 빠른 날갯짓으로 전진과 후퇴를 반복하고, 심지어 공중에 정지해 있기도 하면서 매일 꽃밭을 누빈다. 세계에서 가장 작은 새는 평균 체중이 2g에 불과한 꿀벌벌새로, 초당 날갯짓이 80회에 달한다. 꿀을 먹는 동시에 엄청난 에너지를 소비하는 셈이다. 이토록 막대한 에너지가 필요하기 때문에 꿀벌벌새는 체력을 유지하기 위해 매일 1,500여 송이의 꽃을 방문한다. 벌새는 긴 혀로 꽃의 꿀을 빨아먹는데, 부리로 납작하게 누른 혀를 뻗어 꽃송이 안에 집어넣은 뒤 혀끝의 이삭 모양 돌기를 말아 다시 부리 안으로 되돌린다. 이때 혀끝 양쪽의 돌기 안 빈 공간으로 꿀이 빠르게 채집된다.[38][39]

한 바퀴를 돌고 나서는 꽃이 다시 꿀샘에서 꿀을 분비할 때까지 기다린다. 그런데 식물마다 꿀을 보충하는 데 걸리는 시간은 다 다르다. 꽃이 아직 꿀을 보충하지도 않았는데 꽃을 방문해 버리면 시간 낭비가 되므로, 어떤 꽃이 꿀을 보충하는 데 얼마만큼의 시간이 걸리는지 아는 경험 많은 갈색벌새는 꽃을 방문하는 순서와 규칙을 정해 둔다.[40]

이렇게 하면 시간과 체력의 낭비를 줄일 수 있을 뿐 아니라 꽃 방문의 빈도와 노선도 효율적으로 조정할 수 있다. 그래도 이미 다른 벌새에게 꿀이 다 빨린 뒤라면, 쥘부채벌새 암컷은 다음번에는 그 시간보다 조금 일찍 도착하기로 한다![41]

일찍 와도 늦게 와도
꿀이 다 빨려 있어!

각자 역할을 분담하여 협동 사냥하는 해리스매

두 팀으로 나눠서 간다!
하나는 숲 밖에서 토끼를 몰고
하나는 반대쪽을 지키고, 난 감시를 하겠다

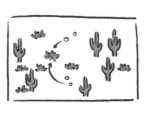

맨날 지만
편한 거 해!

하아...
난 또 숲 담당인가...

아니!

토끼가 보이나?

분업과 협동의 해리스매

맹금류란 다른 동물을 사냥하는 조류를 가리킨다. 먹이사슬의 정점에 위치한 포식자로, 뛰어난 시각과 청각을 가지고 있다. 주행성 맹금류는 상승 기류를 타고 일정 반경을 빙글빙글 돌며 선회 비행을 하거나, 시야가 탁 트인 나뭇가지의 꼭대기에 앉아 사냥물의 동정을 살핀다. 목표물이 정해지면 급강하로 목표물에 접근하고, 날카로운 발톱으로 사냥감을 붙잡은 뒤 갈고리 모양의 부리로 갈가리 찢는다.

대부분의 맹금류는 영역성이 강해서 번식기와 이동철을 제외한 대부분의 시기를 홀로 생활한다. 그러나 협동 정신이 강한 해리스매는 무리를 이루어 사냥한다. 누구는 사냥감을 탐색하고, 누구는 숲에 있는 사냥감을 놀라게 해 뛰쳐나오게 하고, 다른 누군가는 그 틈을 타서 사냥감을 빠르게 낚아채는 식으로, 대략 2~6마리가 역할을 분담하고 사냥의 결과물을 공유한다.[42]

이런 식으로 사냥하면 홀로 사냥할 때보다 대형 동물을 제압하기 쉽고, 숨을 곳이 많은 환경에서도 사냥감을 확보할 기회가 늘어난다. 이런 방식은 맹금류의 먹잇감이 현저히 적은 사막 환경에서 발달했다. 해리스매는 마치 블록을 쌓듯 2~3마리가 다른 해리스매의 등 위에 올라가 있기도 하다. 높이 올라 멀리 보기 위해서일까? 아니면, 서로가 이런 위치를 더 좋아해서일까?

저기서 무슨 소리 나는데!

흰가면올빼미는 청력이 예민하다

보름달이 뜨면, 하얀 깃털이 달빛을 반사해 사냥감을 꼼짝 못하게 한다!

빗살 모양 깃털 덕에 무음 비행도 가능!

이게 무슨 빛이야?! 하고는

그만 굳었다고 한다.

소화되지 않은 뼈와 털은 펠릿으로 토해낸다

흰가면올빼미의 소리 없는 사냥

야행성 맹금류는 청력이 아주 예민하다. 흰가면올빼미*Tyto alba*의 평평하고 납작한 얼굴은 레이더처럼 사면팔방에서 오는 미세한 소리를 모두 수집할 수 있다. 소리가 왼쪽에서 들려오면 왼쪽 귀가 먼저 음파를 감지하고, 아래쪽에서 소리가 들려오면 아래쪽 귀가 먼저 그 소리를 감지한다. 감지되는 소리의 시차를 통해 사냥감의 위치를 정확히 판단할 수 있다.[43]

마치 십자형 조준선처럼 부지런히 방위를 조정하여 확정한 다음 '피융'하고 날아서… 아니, 실은 피융 소리도 없다. 흰가면올빼미의 뭉툭한 빗살 끄트머리 같은 깃털 가장자리는 비행 도중 기류가 날개를 통과할 때 생기는 소음을 감소시킨다. 게다가 온몸을 덮고 있는 부드러운 깃털이 나머지 소음마저 모두 흡수해 사실상 아무 소리도 나지 않는 무음 비행이 가능하다. 사냥감이 된 동물은 흰가면올빼미의 접근을 알아차리지 못한 채 그대로 잡아먹히고 만다!

더욱이 보름달이라도 뜨면, 흰가면올빼미의 하얀 깃털마저 달빛을 환하게 반사해 쥐 등의 사냥감으로 하여금 최장 5초까지도 꼼짝할 수 없게 만든다. 바로 그때, 흰가면올빼미가 사냥물을 잡아챈다.[44] 이런 육식성 조류는 보통 사냥물을 다 먹고 나면, 소화되지 않은 뼈나 깃털, 털, 딱딱한 껍데기 등이 모래주머니에서 뭉쳐진 '펠릿*pellet*'을 토해 낸다.

긴꼬리때까치는 어릴 때부터
꼬챙이 기술을 연마한다

어린 긴꼬리때까치

푹 푹 푹!
기술 get!

때까치의 독보적인 꼬챙이 기술

때까치의 사냥 방식은 맹금류와 비슷하다. 시야가 탁 트인 높은 데 앉아 곤충, 도마뱀, 개구리, 쥐, 심지어 작은 새에 이르기까지 여러 사냥감을 탐색한다. 그런데 때까치는 체구가 맹금류만큼 크지 않고, 발톱도 맹금류만큼 힘이 있거나 강하지 않아서 사냥물을 갈가리 찢기가 어렵다. 그러나 사냥감이 자기 체구만큼이나 크더라도 전혀 문제 되지 않는다!

때까치는 부리로 사냥감의 목을 문 채 정신없이 패대기쳐서 강한 힘으로 사냥감의 숨통을 끊어 놓고, 날카로운 꼬챙이에 꽂은 다음 한 입 한 입 편하게 물어 삼킨다.[45] 먹다 남은 사냥물은 그대로 꿰어 두었다가, 다음번 사냥에 실패하기라도 하면 그때 마저 먹는다!

이런 꼬챙이 기술은 결코 타고나는 것이 아니다. 때까치는 어릴 때부터 주변의 작은 사물을 가지고 꼬챙이에 꿰는 연습을 한다. 가늘고 길면서 날카로운 것을 골라, 이리저리 방향을 가늠해서 힘 있게 사냥물에 꿰어 넣는다. 이렇게 천천히 경험을 쌓다가 번식기가 되면, 사냥물의 크기와 저장 능력을 선보이며 암컷 때까치의 선택을 받는다!

사냥한 것들

벌레, 게 섰거라!

칼새의 뛰어난
비행 기교

쏙독새의
큼직한 부리

흰목딱새는 꽁지깃을 빠르게 접었다 펼치며
하얀 반점으로 벌레들을 놀라게 한다

좌악~

제비딱새는 고정된 장소에서
날아오는 벌레들을
잡으러 기다린다

딱따구리의 혀는
길고 끈끈하다

혀끝에 달린
역방향 갈고리 가시

동고비는 수직으로 나무를
타고 오르내리며
껍질 틈새의 벌레를 잡아먹는다

곤충 포집 대대

"일찍 일어나는 새가 벌레를 잡아먹는다" 했던가. 잠자리, 메뚜기, 나방 등의 곤충과 그 유충은 단백질이 풍부해서 여러 새들에게 좋은 먹이가 된다.

이러한 곤충을 민첩하게 잡기 위해, 고도로 뛰어난 비행 기술을 보유한 칼새와 제비는 공중에서 날면서 곧장 날벌레를 잡아먹는다. 쏙독새는 큼지막한 부리로 날벌레들을 한입에 넣고, 제비딱새 등의 딱새류는 정해 둔 나뭇가지 위에서 지나가는 날벌레를 잡기 위해 기다렸다가, 잡고 나면 다시 원래의 나뭇가지로 되돌아온다.

어떤 새들은 날개나 꽁지깃에 하얀 반점이 있는데, 반점 주위의 어두운 색상과 강렬한 대비를 이룬다. 이런 날개나 꽁지깃을 접었다 펼쳤다 하면서 하얀 반점을 노출해, 이를 보고 놀라 날아오르는 곤충을 잡아먹는다. 흰목딱새*Myioborus miniatus*의 경우, 꽁지깃의 하얀 반점을 까맣게 칠하고 나니 사냥의 성공률이 현저히 낮아졌다는 연구 결과가 있다.[46]

딱따구리는 긴 혀에 끈끈한 점액이 있고 뾰족한 끝부분에는 갈고리 모양의 역방향 가시가 있어서, 나무줄기의 틈새로 혀를 넣었다 빼면서 벌레를 끄집어내 잡아먹는다. 그런가 하면, 동고비는 나무타기 고수다. 힘 있고 강한 뒷발가락으로 나무줄기를 타고 오르내리거나 거꾸로 매달려 있기도 하면서 나무껍질 틈새에 숨어 있는 벌레들을 잡아먹는다.

연구 결과에 따르면, 식충성 조류는 매년 4~5억 톤의 절지동물을 잡아 먹는다고 한다. 그중 3억 톤은 숲에 사는 새들이 담당한다. 이러한 새들은 경제적 손실을 줄일 뿐 아니라 해충의 수량을 통제하여 생태계의 균형과 안정에 중요한 역할을 한다.[47]

벌레에는
영양이 풍부해!

물고기, 어떻게 잡을까?

낚시

해오라기는 미끼를 띄워
물고기를 잡는다

물 샐 틈 없는 수색

검은집게제비갈매기는
부리를 벌린 채
수면을 가르다가
물고기를 만나면
낚아챈다

어로

오스트레일리아사다새의
커다란 목주머니

급강하

푸른발얼가니새는
중력가속도로 잠수

잠수

임금펭귄은 수심 535m까지
잠수할 수 있다

길동무를 관찰

유럽가마우지는 다른 새를
보고 따라 잠수한다

물고기를 낚아채는 고수

해오라기, 물수리, 가마우지, 물총새, 비오리, 제비갈매기, 펭귄, 갈매기, 사다새 등 많은 새가 물고기를 먹고 산다. 물고기는 축축하고 미끄러워서 잡기가 쉽지 않다. 그러나 물수리와 갈색물고기잡이올빼미*Bubo flavipes*의 발톱엔 거친 가시 비늘이 있고, 펭귄의 혀와 비오리의 부리엔 수많은 톱니가 있어서 미끄러운 물고기도 잘 잡을 수 있다.

사실 물고기는 물에 의해 굴절되어 비치기 때문에 눈에 보이는 그 위치에 있지 않다. 이런 물고기를 잘 잡기 위해서는 꽤 많은 연습과 경험이 필요하다. 몇몇 물총새와 물수리는 물고기잡이에 서투른 나머지 익사한 기록이 있다.

물총새는 물가에서 가만히 기다리고 있다가 물고기가 나타나면 급강하하는 방식으로 물고기를 잡는다. 많은 왜가리과 새들은 물 위에 곤충이나 나뭇가지 등을 미끼로 띄워 낚시하듯 물고기를 유인해서 잡는다. 사다새는 특유의 커다란 목주머니로 직접 어로를 한다. 검은집게제비갈매기는 수면 가까이에서 긴 아랫부리로 수면을 가르며 날다가 물고기를 만나면 그대로 잡아챈다. 얼가니새는 무리를 지어 공중을 날다가 수직 급강하로 입수하는데 이때 중력가속도를 이용하여, 수심 30m까지 잠수할 수 있다. 임금펭귄은 수심 535m까지도 잠수할 수 있다.

유럽가마우지는 근처의 다른 새가 잠수해서 물고기를 잡으면 그걸 보고 자신도 따라 들어가는데, 이때 물고기를 만나게 될 확률이 평소의 2배에 이른다는 연구 결과가 있다. 서로 같은 수역에 있기 때문에 다른 새의 행동을 잘 관찰하여 학습하면 먹이를 확보할 기회가 늘어날 뿐 아니라 시간과 에너지도 절약할 수 있다.[48]

물고기를 잡는 새들의 미끄럼 방지 구조

물수리의
거친 발톱

펭귄의 역방향
갈고리 가시 혀

비오리의
톱니 부리

부리의 형태와 길이에 따른 물새들의 먹이 탐색 방법

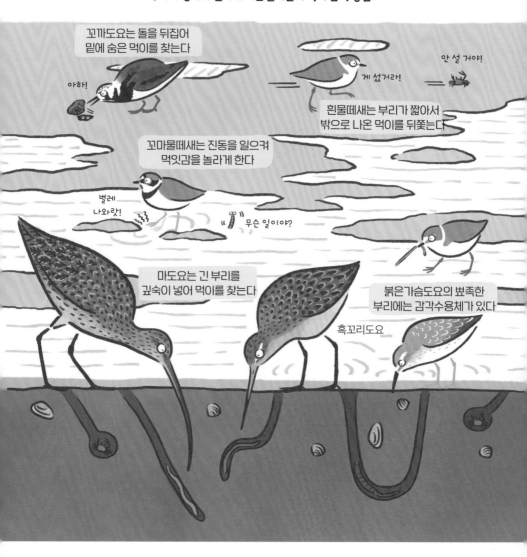

물새들의 남다른 먹이 찾기

물새들은 개펄 속 깊이 숨은 먹이를 어떻게 찾아낼까? 갯벌이나 습지에서 사는 도요새, 물떼새 등의 물새들은 저마다 부리의 형태와 길이에 따라 각기 다른 방법으로 먹이를 찾는다. 서로 먹이의 종류도 달라 치열한 먹이 쟁탈전이 벌어지는 일도 거의 없다!

마도요는 길고 휘어지는 부리로 개펄 속에 깊이 숨어 있는 먹잇감도 잘 찾아낸다. 반면, 부리가 짧아서 깊은 물속이나 개펄 속에 있는 먹이를 잡기 어려운 물떼새들은 땅 위로 올라온 먹잇감을 주시하고 있다가 맹렬히 뒤쫓아 쪼아먹는다. 가끔은 두 발로 땅을 빠르게 밟고 다니면서, 진동을 느낀 흙 밑 생물들이 놀라 튀어나오게 만든 뒤 잡아먹기도 한다![49]

많은 도요새류는 부리의 촉각에 크게 의지한다. 길고 뾰족한 부리 끝에는 감각 수용체가 많아, 마치 긴 탐지기로 개펄 속을 훑듯이 먹잇감을 찾는다. 그러나 꼬까도요의 트레이드마크는 개펄의 돌을 뒤집어 가며 그 밑에 숨어 있는 먹이를 찾는 것이다.

마도요는
엄청 우아하게
먹더라~

오리과 조류의 먹이 활동

수면을 가르며 부유 생물과 조류를 여과한다

오리의 부리에는
체판이 있다

여러 마리가 소용돌이를 일으켜
바닥의 생물을 올라오게 만든다

잠수해서 직접 잡는다

부유 생물을 건져 먹는 기술

여과 섭식을 하는 오리과 조류는 넓고 평평한 부리를 넓게 벌려 먹이를 찾는데, 부리의 좌우 양쪽에 있는 체판으로 물속의 부유 생물과 조류藻類를 걸러 먹는다. 그중 길고 넓은 부리를 가진 넓적부리는 수면을 가르고 나아가면서 부리를 좌우로 휘저어 먹이를 찾는다. 가끔은 여러 마리가 수면 위에서 빙글빙글 돌면서 소용돌이를 만들어 수중 바닥에 있던 생물들을 위로 올라오게 만들기도 한다! 한편, 직접 고개를 박고 잠수해서 먹이를 찾는 새도 있다. 이렇게 먹이를 찾는 고방오리는 종종 수면 위에 엉덩이만 노출된 것을 볼 수 있다. 특수한 부리를 가진 큰홍학은 고개를 숙인 채 물속을 걸으며 혀로 물을 흡입한 다음 입 밖으로 다시 밀어내면서, 거칠거칠한 혀와 부리 양쪽의 체판으로 수중의 부유 생물과 조류를 걸러 먹는다. 원래 회백색이었던 큰홍학의 깃털은 조류에 풍부한 카로틴carotene 성분 때문에 붉어진 것이다.

그렇게 먹어서
배가 부르니?

홍학도 부리의
체판으로 여과

111

지느러미발도요는 대부분의 시간을
바다 위에서 생활한다

빙글빙글 돌아서
절지동물을 한데로 모아 포식

물의 표면장력을 이용해서
먹잇감을 한입에 쏘옥

돌아라, 지느러미발도요!

주로 개펄에서 먹이를 찾는 다른 물새들과 달리, 발도요는 거의 평생 바다나 염수호에서 활동하며 소형 절지동물을 잡아먹는다. 부리를 열었다 닫았다 하면서 물의 표면장력을 이용하여, 수면에 떠 있는 절지동물(통상 6mm 크기)을 물과 함께 '흡입'한 뒤 물은 바로 배출한다. 이 모든 과정에 0.5초도 걸리지 않는다.

먹잇감을 찾을 때는 수면 위에서 빙글빙글 돌면서 작은 소용돌이를 만들어, 절지동물을 그 가운데로 몰아간다. 하지만 소용돌이를 만드는 데도 에너지가 소모되기 때문에 먹잇감이 어느 정도 모였다 싶으면 그만 돈다. 남아메리카에서 발도요들은 칠레홍학을 따라다니며 칠레홍학이 먹이를 찾느라 건드린 수중 바닥의 먹잇감을 덩달아 잡아먹는다. 이렇게 먹이를 잡을 때의 시간당 포획량은 단독으로 먹이를 찾을 때의 2배에 이른다고 한다![50]

공밥이 늘었구나!

홍학 근처에 있으면
먹을 게 많아!

먹이 도둑

당신은 새에게 음식을 빼앗겨본 적 있는가? 먹이를 구하기 위한 비상수 단으로, 다른 새가 고생해서 구한 먹이를 훔치는 새들이 있다!

남극도둑갈매기는 물고기잡이에 성공한 바닷새를 맹렬히 뒤쫓는다. 혹독한 남극 기후에서 생존하기 위해 시도 때도 없이 펭귄의 알을 노리 는가 하면, 무리에서 떨어져 나온 새끼 펭귄을 공격하기도 한다. 이 새들 은 훔치거나 빼앗기도 하지만 스스로 물고기를 잡기도 하고, 죽은 동물 의 고기를 먹기도 한다. 큰군함조도 이런 행동으로 악명이 높다. 공중에 서 다른 바닷새를 물고 놓아주지 않는가 하면, 큰군함조 여러 마리가 바 닷새 한 마리를 공격해서 그 새가 잡은 물고기를 내놓게 만든다. 심지어 가다랭이잡이 부모 새가 새끼에게 먹이 줄 때를 틈타 그 먹이를 빼앗아 버리기도 한다.[51]

호주흰따오기와 시끄러운광부새는 사람들의 책상이나 식탁 위는 물 론 손에 있는 음식까지 그대로 훔쳐 먹는데, 이런 식으로 살아가는 것을 절취 기생kleptoparasitism이라 한다. 하지만 만약 당신이 이런 행위를 사납 게 노려본다면, 새들도 함부로 훔치지 못하고 머뭇거린다는 연구 결과가 있다![52]

저렇게 두 눈을
시퍼렇게 뜨고 있으니
훔칠 수가 없네!

바닷새는 해조류가 분해한 '디메틸설파이드' 냄새를 맡으면 먹이가 있다고 느낀다!

어디로 갈까?
양쪽 다 먹을 게 있는 거 같은데!

바닷새와 플라스틱

바다제비나 앨버트로스처럼 후각이 예민한 바닷새는 '디메틸설파이드 dimethyl sulfide, DMS'라는 화학 물질의 냄새에 특히 민감하다. 플라스틱은 해조류 등의 해양 부유 식물에 의해 디메틸설파이드로 분해되는데, 이때 해산물 비린내와 비슷한 냄새가 나기 때문이다.

크릴새우 등 소형 갑각류가 해조류를 먹을 때도 그 해조류에서 디메틸설파이드 냄새가 난다. 그래서 크릴새우가 있는 곳이면 어디든 크릴새우를 먹기 위해 물고기들이 몰려든다.

후각으로 먹이를 찾는 바닷새에게 디메틸설파이드 냄새는 '저기에 먹을 것이 있다!'는 뜻과 같아서 아주 멀리서도 이 냄새를 좇아온다.

하지만 해조류는 플라스틱 폐기물에도 붙어 있는 경우가 많고, 이 플라스틱이 해조류에 의해 디메틸설파이드로 분해되면서 나는 특유의 비린내도 똑같이 바닷새들을 부른다. 그런 이유로 후각이 예민한 바닷새일수록 플라스틱을 먹게 될 확률이 다른 바닷새의 6배에 달한다![53]

와! 이런 거
처음 먹어 봐!

03

사교와 번식

울음소리의 여러 가지 기능

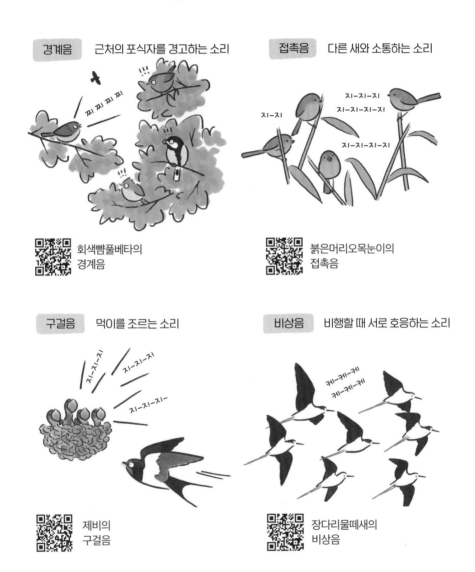

경계음 근처의 포식자를 경고하는 소리

찌 찌 찌 찌

회색뺨풀베타의
경계음

접촉음 다른 새와 소통하는 소리

지-지
지-지-지
지-지-지-지
지-지-지-지

붉은머리오목눈이의
접촉음

구걸음 먹이를 조르는 소리

지-지-지
지-지-지
지-지-지-

제비의
구걸음

비상음 비행할 때 서로 호응하는 소리

케-케-케
케-케-케

장다리물떼새의
비상음

새의 신호

각양각색의 새 울음소리는 특유의 발성 기관인 울대에서 난다. 기관氣管과 기관지의 경계에 위치한 울대는 고리형 연골과 박막, 근육 조직으로 이루어져 있으며, 공기가 통과할 때의 진동으로 소리를 낸다. 근육이 박막을 죄었다 풀면서 음조를 변화시키고, 좌우 양쪽의 울대에서 각각 독립적으로 소리를 낼 수 있다.

새의 울음소리는 크게 노래song와 신호call로 나뉜다. 그중 이 글에서 말하는 '새 울음소리'는 짧고 단조로운 음의 '신호'를 가리킨다. 포식자가 있음을 알리는 경계음, 다른 새와 소통하기 위한 소리인 접촉음, 새끼가 "배고파, 배고파" 하면서 먹이를 조르는 소리인 구걸음, 철새들이 이동 비행을 할 때 서로를 확인하고 호응하는 소리인 비상음 등이 있다.

좌우 울대에서
독립적으로 발성

근육

기관지   기관지

노랫소리에는 짝을 유혹하고
영역을 선언하는 기능이 있다

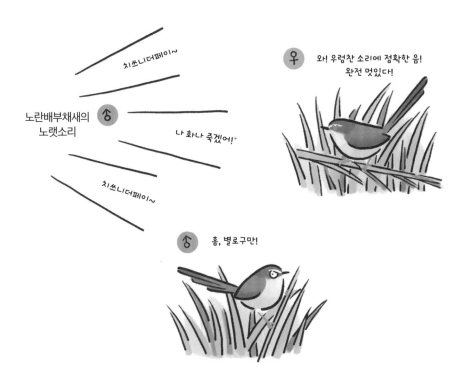

노란배부채새의
노랫소리

치쓰니더페이~

나 화나 죽겠어!*

치쓰니더페이~

흥, 별로구만!

와! 우렁찬 소리에 정확한 음!
완전 멋있다!

 노란배부채새의
노랫소리

 큰오색딱따구리
나무 두드리는 소리

* 이 새의 울음소리는 대만 말로 "치쓰니더페
이(나 화나 죽겠어)"처럼 들린다고 한다. 저자의
표현을 그대로 옮겼다.

122

새의 노랫소리

새의 노랫소리에는 음절과 변화가 많고, 특정 선율을 반복하는 특징이 있다. 대부분 수컷이 부르며, 번식기에 특히 열렬히 부른다. 새들의 노랫소리에는 크게 두 가지 기능이 있다. 하나는 다른 수컷들에게 "여긴 내 영역이야! 가까이 오지 마!"라고 선언하는 것이고, 다른 하나는 근처에 있는 암컷에게 "이봐, 초특급으로 잘난 미남이 여기 있다구!"라고 어필하는 것이다.

새의 노랫소리는 음의 정확성, 시간의 길이, 복잡한 정도에 따라 노래하는 새의 건강 상태를 반영한다. 그래서 암컷은 수컷의 노래를 들으며 다른 수컷들을 제치고 그 수컷을 짝으로 삼을지 말지 결정한다.

딱따구리는 다른 새들만큼 노래를 잘하지는 못하지만, 나무줄기를 두드리는 '딱- 딱- 딱-' 소리를 통해 영역을 선언하고 암컷에게 어필한다.[54]

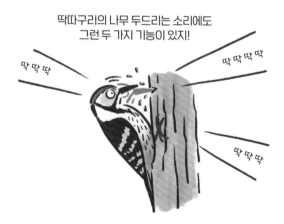

딱따구리의 나무 두드리는 소리에도
그런 두 가지 기능이 있지!

딱 딱 딱

딱 딱 딱 딱

딱 딱 딱

맹금류를 발견하고 도움을 요청하는 검은머리박새

맹금류의 크기에 따라 검은머리박새의 경계음도 달라진다

 검은머리박새의
경계음

검은머리박새의 등급별 경고

새들은 포식자를 발견하면 짧고 촉박한 경계음으로 위험이 닥쳤다는 사실을 다른 새들에게 알린다. 이후 동료 새들이 몰려와서 떠들썩하게 울어대는 모빙음mobbing call도 경계음의 일종이다. 몰려든 새들은 포식자를 쫓아내기 위해 번갈아 포식자에게 덤벼드는가 하면, 끊임없이 날개를 퍼덕이고 뛰면서 울어댄다. 경계음을 내는 방식은 새들이 느끼는 위협의 강도에 따라 조금씩 다르다.

검은머리박새는 하늘을 나는 맹금류를 발견하면 "씨잇!"하는 짧은 소리로 주변 동료 새들의 주의를 끌고, 어딘가에 앉아 있는 맹금류를 보면 동료 새들을 불러 모아 쫓아내기 위해 "치카-디!"하고 큰 소리로 운다. 대상이 소형 맹금류라면 꼬리음의 "디"를 여러 번 반복해서 "치카-디-디-디-디-디!" 하고 운다. 검은머리박새처럼 작은 새는 활동성이 민첩한 소형 맹금류에게 잡아먹힐 확률이 더 높기 때문에 소형 맹금류가 나타났다는 경계음을 들으면 더 많은 검은머리박새가 도우러 온다![55]

새의 경계음은 매우 효과적인 정보 전달 방식이다. 숲에 사는 다른 생물들도 새의 경계음을 듣고 미리 포식자에 대한 대응을 준비할 수 있기 때문이다.[56]

125

타이완리오치즐라의 노랫소리에는 지역 차가 존재한다

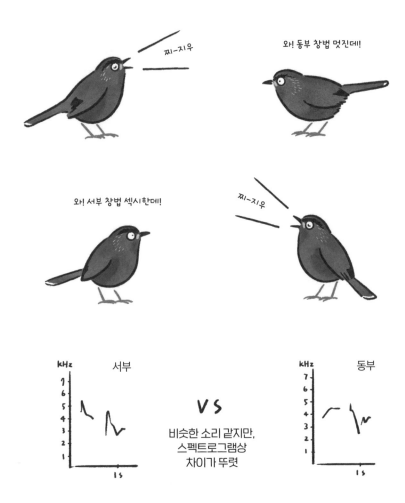

새소리에도 사투리가 있다!

같은 언어라도 지역마다 사투리가 존재하듯 새소리에도 지역 차가 존재한다! 같은 종의 새라도 가까이에 살면 노랫소리가 거의 비슷한 반면, 멀리 떨어져 있으면 노랫소리도 꽤 달라진다. 지리적 격차에 의한 환경 조건의 차이가 노랫소리의 차이를 만드는데, 여기에 상당한 시간마저 흐르고 나면 이 동네, 저 동네, 산 너머 동네의 창법은 눈에 띄게 달라진다.

대만의 지형은 여러 산맥으로 이루어져 있다 보니, 같은 타이완리오치츨라*Liocichla steerii*더라도 중부와 남부는 물론 중앙 산맥의 서부, 동부의 창법이 각각 다르다. 사람 귀에는 똑같은 새소리로 들릴지 몰라도 타이완리오치츨라의 노랫소리를 스펙트로그램으로 전환해 보면 차이가 뚜렷하다![57]

 타이완리오치츨라의
노랫소리

함께하면 좋은 점

1. 먹이 찾는 시간 절약

먹을 거다!

2. 천적을 일찍 발견

안전한 느낌!

3. 서로의 온기

아, 따뜻해!

나한테 벼룩 좀 옮기지 마!

네가 나한테 옮긴 거거든!

장점도 있고 단점도 있다

우리가 함께할 때

새들은 종종 무리 지어 활동하기를 좋아한다. 여러 마리의 새가 서로 보고 들은 정보를 교환하면 먹이 찾는 시간을 크게 단축할 수 있다! 붉은머리긴꼬리박새는 무리 지어 활동하기를 좋아할 뿐 아니라, 다른 종의 새들과 함께 이동하기도 한다. 회색빰풀베타*Alcippe morrisonia*가 먼저 이 숲에서 저 숲으로 이동하면 다른 종의 새들이 그 뒤를 따르면서, 그 바람에 놀라 날아오른 벌레들을 잡아먹거나 떨어진 먹이를 주워 먹는다. 이런 식으로 먹이 활동의 효율이 증대되는 것이다.

많은 새가 이곳저곳을 보기 때문에 천적을 일찍 발견할 수도 있다. 경계음을 듣고 일찍 도망갈 수도 있고, 주위 새들이 모여 함께 천적을 쫓아낼 수도 있다. 유럽찌르레기는 수천 마리가 거대한 대형을 이루어 난다. 유럽찌르레기가 이렇게 대규모로 함께 비행하는 이유는 천적이 어느 한 마리를 타깃으로 공격하기 어렵게 만들기 위해서다. 무리 내 개체수의 분모가 커질수록 자신이 잡아먹힐 확률은 크게 낮아지는 것! 이를 생태학에서는 '희석 효과dilution effect'라고 한다.

그 밖에도 무리 생활을 하면 체온 유지에 도움이 되고, 짝을 찾을 기회도 더 늘어난다. 그러나 무리 생활에 좋은 점만 있는 것은 아니다. 오히려 천적의 주의를 쉽게 끌 수도 있고, 교미에 방해를 받기도 하며, 무리 내에서의 경쟁도 심해진다. 서로 간에 병이나 기생충을 옮길 위험도 더 커진다.[58][59]

암컷의 마음을 사로잡는 법!

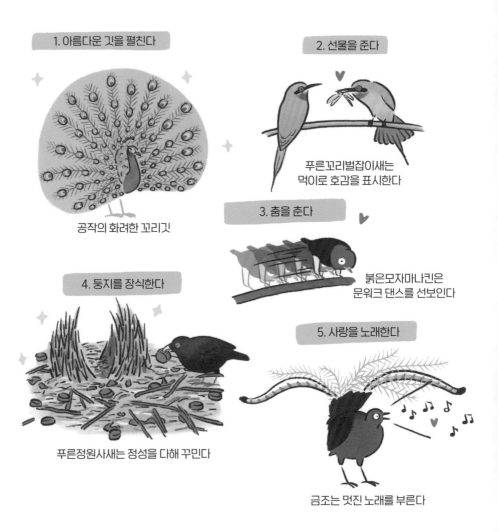

1. 아름다운 깃을 펼친다

공작의 화려한 꼬리깃

2. 선물을 준다

푸른꼬리벌잡이새는
먹이로 호감을 표시한다

3. 춤을 춘다

붉은모자마나킨은
문워크 댄스를 선보인다

4. 둥지를 장식한다

푸른정원사새는 정성을 다해 꾸민다

5. 사랑을 노래한다

금조는 멋진 노래를 부른다

암컷을 사로잡을 비장의 재주와 아름다움

새들에게 '번식'은 그 해에 치르는 가장 큰일이다. 수컷들은 총각 신세를 벗어나기 위해 온 힘을 다해 암컷에게 자신만의 특출한 장점을 알린다. 화려한 깃을 펼쳐 보이는 수컷은 깃털의 광택으로 자신의 우수한 신체 조건을 홍보한다. 먹이를 주며 호감을 표시하는 수컷은 먹이를 잘 잡고 새끼를 잘 기를 수 있는 능력을 어필한다. 정확한 동작으로 현란한 춤을 선보이는 수컷도 있다. 노래하는 수컷은 탁월한 기교와 노래 시간의 길이로 생생한 활력을 자랑한다. 어떤 수컷은 아름답게 꾸민 둥지로 자신의 건축술을 뽐내기도 한다. 구애 방식은 이토록 다양하고 기묘하지만 목적은 단 하나, 자신의 반쪽을 찾아 생명의 대를 이어가는 것!

암컷은 번식에 드는 노력이 많다. 체구에 비해 큰 알을 만들어내야 하고, 한 번에 낳을 수 있는 알의 개수에는 한계가 있다. 그래서 신중에 신중을 기해 짝을 고른다. 수컷은 이런 암컷의 마음을 사로잡기 위해 자신의 체구보다 크고 화려한 깃을 펼쳐 보이거나, 복잡하고 현란한 기교의 노래를 선보인다.

깐깐한 암컷은 수컷이 펼쳐 보이는 각종 구애 행위를 통해 수컷의 건강 상태와 먹이 구하는 능력 등을 종합적으로 판단하여, 그중에서 가장 만족스러운 수컷을 짝으로 선택한다. 그래야 좋은 유전자를 대대손손 남길 수 있으니까!

 금조의
노랫소리

배우자는 꼭 하나여야 하나?

일부일처제

갈색머리꼬리치레

한 쌍의 성조가 둥지를 짓고 부화와 육추를 담당

남편

내연남

지금이야!
남편 집에 없어!

반드시 애정과 충절을 의미하는 것은 아님!

부부의 도

새들의 세계에서 가장 보편적인 짝짓기 형태는 '일부일처제', 즉 한 쌍의 성조成鳥가 함께 둥지를 짓고 알을 낳고 부화시키고 새끼들을 먹여 기르는 방식이다.

그러나 새들의 일부일처제가 반드시 애정과 충절을 의미하는 것은 아니다. 일부 오리·기러기들은 일부일처제를 단 1년만 유지한다. 이렇게 해마다 배우자가 바뀌는 것을 '불연속적 일부일처'라 한다. 앨버트로스는 일부일처제를 여러 해 유지하는데, 이것은 '연속적 일부일처'라 한다. 일부일처라고는 해도 암수 모두 '외도'가 다반사인데, 이를 '짝외교미extra-pair copulation'라 한다. 물론 목적은 더 많은 자손을 남기기 위해서다.

수컷A 수컷B 수컷C

누굴 고를까?

여러 배우자를 만나기도 한다!

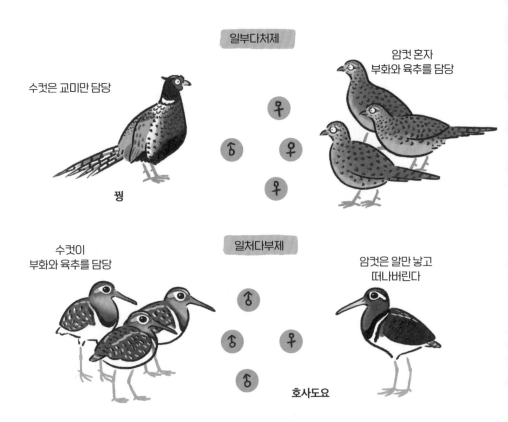

일부다처제

수컷은 교미만 담당

꿩

암컷 혼자
부화와 육추를 담당

♀

♂   ♀

♀

일처다부제

수컷이
부화와 육추를 담당

암컷은 알만 낳고
떠나버린다

♂

♂   ♀

♂

호사도요

수컷은 교미만 하고 곧바로 다른 암컷을 찾아나서는 '일부다처제'도 있다. 수컷은 정자를 제공하는 역할만 하고, 암컷 혼자 알을 낳아 부화시키고 새끼를 먹여 기르는 모든 과정을 책임진다. 통상적으로 일부다처제 조류의 새끼는 알을 깨고 나오자마자 깃털도 있고, 얼마 지나지 않아 활발하게 돌아다니는 '조숙성早熟性 조류'에 속한다.

'일처다부제'는 일부다처제와 반대로, 암컷끼리 영역다툼을 한다. 그래서 깃털의 색깔도 수컷보다 화려하다. 암컷이 수컷에게 구애하며 짝짓기 경쟁 끝에 교미를 하고, 알을 품고 새끼를 기르는 역할은 수컷이 담당한다. 이런 새들의 새끼도 보통 조숙성에 속한다. 암컷은 교미 후 알을 낳으면 곧바로 수컷을 떠나 새로운 짝을 찾아 나선다. 또다시 교미하고 알을 낳기를 반복하면서 자신의 새끼를 더 많이 남기는 것이다.

렉에 모여 구애하는 산쑥들꿩 수컷들

가슴팍의 노란 주머니를 친다

두둥
두둥

두둥

두둥

렉에서 가장 인기 있는
한두 마리의 수컷만이
교미할 기회의 대부분을 차지한다

두둥
두둥

엉엉... 나두 괜찮은 놈인데!

산쑥들꿩의
구애음

산쑥들꿩의 두둥 두둥 쟁탈전

동이 트기도 전에, 산쑥들꿩 수컷들이 렉*에 모여 오늘의 구애 의식을 시작하고 있다. 렉의 크기에 따라 수십에서 수백 마리의 수컷들이 위세를 뽐내고 있다.

수컷들은 각자 자신의 영역에서 꼬리깃을 잔뜩 세우고, 가슴팍에 있는 두 개의 노란 주머니를 치면서 "두둥, 두둥" 소리를 낸다. 그렇게 수컷으로서의 매력을 한껏 어필하는 것이다. 암컷 산쑥들꿩은 여기저기서 '두둥'거리는 수컷들 사이를 돌아다니며 시장에서 깐깐하게 채소를 고르듯 가장 우수해 보이는 수컷을 고른다.

그중 가장 많은 선택을 받은 한두 마리의 수컷만이 그 렉에서 교미할 기회의 대부분을 차지한다. 한 연구원은 수컷 한 마리가 3시간 내에 무려 30번이나 교미했다는 기록을 남기기도 했다![60] 일부다처제를 택하고 있는 산쑥들꿩의 수컷은 있는 힘껏 많은 암컷과 교미하여 자신의 정자를 많이 퍼뜨릴 수 있다. 교미가 끝난 암컷은 그렇게 정자만 얻고 렉을 떠나, 홀로 둥지를 짓고 알을 낳고 새끼들을 기른다. 한편 수컷들은 계속해서 "두둥, 두둥" 하면서 다른 암컷들에게 구애한다.

---

* lek, 동물들이 모여 구애하는 고정된 장소

목도리도요 수컷은 크게 세 종류다

영역과 기회를 다투는 수컷들

목도리도요의 선택은 셋 중 하나

번식기의 목도리도요 수컷은 머리와 목에 화려하고 풍성한 장식깃을 두르고 렉에 모여들어 자신의 영역에서 화려한 깃을 자랑하는 한편, 맘에 안드는 다른 수컷과는 치고 박고 싸운다. 목에 검은색이나 밤색의 장식깃이 있는 수컷은 전체 수컷들 중 80~95%에 해당하는 '영역형 수컷'이다.

목에 하얀 장식깃이 있는 일부 '위성형 수컷'(약 5~20%)은 자기만의 영역이 없어서 영역형 수컷의 영역을 왔다 갔다 하면서 기회를 찾는다. 렉에 수컷이 많아야 암컷도 많이 찾아오므로 영역형 수컷은 이들을 본체만체해 준다. 위성형 수컷도 암컷과 교미할 기회가 있긴 하지만, 언제 영역형 수컷이 쳐들어와 "여긴 내 영역이야!"라고 선언해 올지 모른다.

이렇게 수컷들 간의 구애경쟁과 눈치싸움이 한창일 때 제3의 수컷도 몰래 렉으로 흘러들어 온다. 이들은 화려한 장식깃도 없고 외모마저 암컷과 비슷하게 생겼지만, 렉 안을 여기저기 돌아다니면서 기회를 엿본다. 암컷이 다른 수컷과 교미하려고 할 때 불쑥 끼어들어 교미의 기회를 빼앗는, 이런 수컷을 '암컷 모방 수컷'(약 1% 이내)이라고 한다.

목도리도요 수컷의 외양과 교미 유형은 125개의 유전자로 이루어진 슈퍼 유전자에 의해 결정된다. 암컷 모방 수컷의 유전자는 약 380만 년 전 전도順倒되었다가 약 50만 년 전에 다시 재배치되었고, 그 과정에서 영역형 수컷과 암컷 모방 수컷 사이에 있는 위성형 수컷이 만들어졌다.[61][62]

번식기의 아메리카메추라기도요 수컷은
암컷을 찾으러 다니기 바쁘다

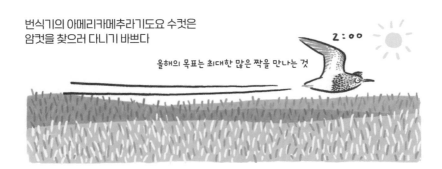

북극권의 여름은 짧기에 수컷은 자지도 쉬지도 않는다

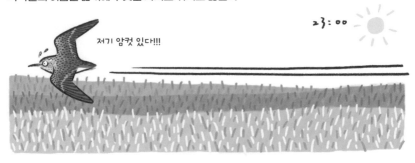

19일 연속, 95%의 시간을 깨어 있다

아메리카메추라기도요의 구애 마라톤

5월 하순, 아메리카메추라기도요는 남반구에서부터 알래스카 북부의 번식지까지, 쉬지도 않고 난다. 이제 곧 번식기가 시작되기 때문이다. 일부다처제인 아메리카메추라기도요는 부화와 육추*를 암컷이 전담한다. 그렇다고 수컷이 노는 게 아니다. 수컷의 목표는 짧은 번식기 안에 최대한 많은 암컷을 만나는 것!

북극권 내에 위치한 번식지에서는 여름이 짧기 때문에 수컷은 경쟁자들을 모조리 물리치고 최대한 많은 암컷을 찾아다녀야 한다. 구애 경쟁이 이토록 치열하므로 수면 따위에 시간을 낭비할 틈도 없다. 번식기의 수컷은 19일 연속으로 95%의 시간을 깨어 있다. 이 기간 동안 수컷의 수면 시간은 총 23시간이 되지 않는다는 기록이 있다.

이렇게 수면 부족이 심한 수컷일수록 더 많은 암컷을 만나 더 많은 자손을 남길 수 있다! 더욱이 수컷은 한 곳에만 머무르지 않고, 북극권 내 어디든지 돌아다니며 끊임없이 기회를 찾는다. 암컷이 많이 있는 곳이라면 조금 더 오래 머무를 수도 있다. 번식기에 수컷 아메리카메추라기도요는 총 3,000km 이상을 비행한다![63 64]

* 育雛, 부화한 새끼를 기르는 것

아메리카메추라기도요의
구애음

자신의 DNA를 남김

극락조의 갖가지 춤 동작

큰비늘극락조는 두 날개를 펼치고 머리를 흔든다

최고극락조는 암컷을 에워싸고 폴짝폴짝 뛴다

2018년에 등재된
신종 보겔콥최고극락조는
암컷을 에워싸고
사뿐사뿐 뛴다

꼬리비녀극락조는 머리의 장식깃을 흔들어 댄다

극락조의 화려한 구애쇼

먹이 자원이 풍부한 인도네시아 뉴기니섬의 아열대숲에서는 수컷 극락조들이 많은 시간과 노력을 구애에 쏟고 있다. 이들은 화려한 색깔의 깃을 펼치거나 독특한 모양의 장식깃을 흔들며 구애의 춤을 춘다.

큰비늘극락조는 두 날개를 펼치고 머리를 좌우로 흔들면서 가슴팍에 있는 밝은 파란 깃을 펼쳐 보인다. 최고극락조는 타원형의 검은 장식깃을 펼치고 암컷을 에워싼 채 폴짝폴짝 뛰는데, 머리에 있는 눈 모양 반점과 가슴팍의 청록색 띠가 꼭 우스꽝스러운 스마일 표정 같다. 꼬리비녀극락조는 치마 같은 검은 장식깃을 펼친 채 머리에 있는 길쭉한 장식깃을 흔드는데, 가슴에도 화려한 깃털이 있다!

하지만 이것만으로는 단박에 시선을 사로잡기 어려울 수도 있다. 일부 극락조의 검은 깃털은 가시광선의 99.95%를 흡수하는데, 다른 평범한 검은 깃털과 달리 극락조의 검은 깃털은 깃가지에 다시금 자잘한 깃가지가 빼곡히 나 있는 것을 볼 수 있다. 이런 특수한 배열 방식은 빛이 비쳐 들 때, 빽빽한 깃가지 사이로 들어오는 빛을 외부가 아닌 내부로 반사시킨다. 즉 빛을 흡수하는 것이다.

수컷이 자신의 현란한 깃털을 암컷에게 펼쳐 보일 때, 이런 특수한 구조의 검은 깃털은 특유의 소광* 효과로 다른 화려한 색의 무늬를 도드라지게 하여 암컷에게 강렬한 인상을 남긴다! 최고극락조의 망토 같은 검은 깃털은 가슴팍에 있는 청록색 무늬 주위에 분포해 있어, 깃을 펼치면 등 부분은 가려지고 가슴팍의 총천연색 무늬만 도드라지게 하는 까만 스크린 역할을 한다.[65]

소광 효과를 내는
검은 깃털 깃가지에
수많은 잔 깃가지

일반 검은 깃털

* 消光, 빛을 흡수하여 감소시키는 것

144

긴꼬리마나킨은 구애 중

수컷 둘이 짝을 이뤄 춤을 춘다

아우

형님

아우는 즉각 철수!

수컷 형님이 암컷과 교미

긴꼬리마나킨의 구애 춤

번식기가 되면 대부분의 수컷들은 경쟁자들 사이에서 전력을 다해 자신의 강점을 어필한다. 그런데 중앙아메리카에 사는 긴꼬리마나킨은 짝을 찾을 때 서열 높은 수컷이 서열 낮은 아우와 한 조를 이루어 암컷 앞에서 춤을 춘다.

수컷들은 서로 아무 사이 아닌 8~15마리가 한 팀을 이룬 구애 특공대를 조직한다. 팀은 나이 서열 가장 높은 큰형님과 그보다 서열 낮은 아우들로 이루어져 있다. 구애 의식은 보통 형님과 아우가 한 조를 이루어 고정된 구애 장소에서 암컷에게 댄스 공연을 펼친다. 암컷이 공연을 마음에 들어 하면 아우는 임무를 다했으므로 뒤로 빠지고, 형님만 남아 독무를 추다가 암컷과 교미한다. 이렇게 한번 짝을 이루면 향후 몇 년간 관계가 지속된다.

아우들은 마치 아이돌 연습생처럼 댄스 기술을 잘 관찰하고 끊임없이 갈고닦는다. 팀의 수컷들은 막내로 시작해서 그 위 형님, 그 위 형님으로 올라가면서 서열상 둘째까지 간다. 대망의 큰형님으로 올라서는 때는 평균 나이 10세, 이때 비로소 연습실을 박차고 나와 암컷과 교미할 기회를 얻는다![66]

교미의 기회는 얻지 못한 채 보조 댄서 역할만 하는 아우에게는 무슨 이점이 있을까? 우선 구애의 기술을 나날이 발전시킬 수 있고, 큰형님이 세상을 떠나면 둘째가 큰형님 자리를 이어받아 구애 장소로 나갈 수 있다. 드디어 보조 댄서의 운명에서 벗어나는 것이다. 단, 조건이 있다. 오랜 연습생 생활을 인내하거나 장수를 해야만 한다.

언젠가는 내 차례!

긴꼬리마나킨의
구애음

둥지의 다양한 형태

새의 둥지는 알을 낳아 부화시키고 새끼들을 기르기 위해 일정 기간 동안만 필요한 시설로, 알이나 새끼를 비바람으로부터 보호하는 역할도 한다. 새들은 종마다 습성이 달라서 둥지를 짓는 재료와 둥지의 형태, 둥지를 짓는 장소도 제각기 다르다!

대만 중앙연구원의 연구에 따르면, 조류 간 친연 관계가 가까울수록 둥지의 구조도 비슷하다고 한다. 그런데 둥지는 어디에 지어야 좋을까? 이 중요한 문제는 환경의 상황에 따라 달라진다.[67]

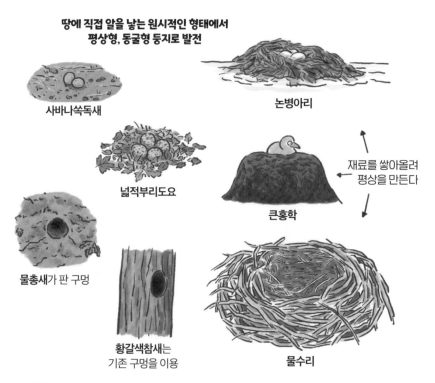

땅에 직접 알을 낳는 원시적인 형태에서
평상형, 동굴형 둥지로 발전

사바나쏙독새

논병아리

넓적부리도요

재료를 쌓아올려
평상을 만든다

큰홍학

물총새가 판 구멍

황갈색참새는
기존 구멍을 이용

물수리

접시형, 구형, 집합형 등 점차 다양한 둥지 형태 출현

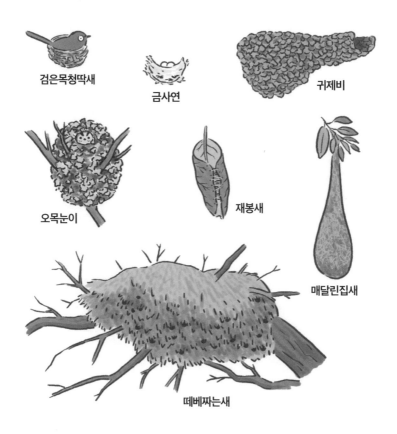

검은목청딱새

금사연

귀제비

오목눈이

재봉새

매달린집새

떼베짜는새

저마다 다른 건축 재료와 둥지 관리법

검은목청딱새의
건축 재료는 풀

오목눈이는
2천여 개의 깃털을 이용

습지의 진흙을
물어오는 제비

갈색벌새는 지의류로
둥지의 바깥을 장식

푸른박새는 향초로
벌레를 퇴치

아, 누가
똥 훔쳐갔어!

딱정벌레

가시올빼미는
둥지 입구에 똥을 발라
곤충을 유인

북아메리카귀신소쩍새는
뱀을 물어와 둥지를 청소

온갖 둥지 재료

포식자에게 발견되지 않으려면 둥지의 위치를 신중하게 골라야 한다. 포식자의 접근이 쉽지 않으면서 잘 가려져 있으면 제일 좋다. 입지를 선택했다면 이제 건축 자재를 모을 차례! 나무껍질, 동물의 털, 진흙, 거미줄 등은 가장 흔한 둥지 재료다. 어떤 새들은 지의류*와 이끼 등으로 둥지의 바깥을 장식하고, 안에는 폭신폭신한 이끼나 깃털을 깔아 둔다.

　일부 푸른박새 암컷은 알을 낳으면 새끼들이 이소할 때까지 라벤더나 박하 등 살균 효과가 있는 허브 식물을 둥지 안에 둔다.[68] 일부 금사연과 칼새는 침으로 둥지의 재료들을 고정하는데, 이렇게 침 바른 둥지를 가공한 요리가 '제비집'이다. 가시올빼미는 둥지 입구에 동물의 똥을 발라 그 냄새에 이끌린 곤충들을 잡아먹는다.[69] 북아메리카귀신소쩍새는 살아 있는 장님뱀**을 물어와 둥지 바닥의 틈새에 살게 하면서 작은 해충들을 잡아먹게 한다. 장님뱀이 깨끗이 청소한 둥지에 사는 북아메리카귀신소쩍새 새끼들은 건강하고 튼튼하게 자란다![70]

이걸 먹어, 말어?

* 地衣類, 나무껍질이나 바위 표면의 균류와 조류(藻類)
**blind snake, 눈이 퇴화된 아주 작은 실뱀

ᔓ → 장님뱀

매 둥지 근처에 둥지를 짓는 검은빰벌새

무서운 새가 지켜주는 최고의 입지~

완판!!!

- 쿠퍼매로부...
- 은폐성 최고

- 쿠퍼매로부터 200m
- 먹이 자원 풍부

- 참매로부터 300m
- 채광, 통풍 우수

- 참매로부터 500m
- 생활 여건 우수

얜 좀 멍해 보여

대박 무섭게 생겼다!

참매가 좋을까, 쿠퍼매가 좋을까?

벌새의 듬직한 이웃

부동산 전문가들은 하나같이 부동산에서 가장 중요한 것은 "입지, 입지, 입지!"라고 강조한다. 지역을 일단 잘 고르면 큰 손해 볼 일 없다는 것을 검은뺨벌새도 잘 알고 있다.

검은뺨벌새는 종종 쿠퍼매나 참매의 둥지 근처에 자신의 둥지를 짓는다. 검은뺨벌새의 포식자인 멕시코어치가 맹금류의 둥지 근처에서 맴돌거나 사냥을 하려 들었다가는 그 맹금류에게 잡아먹히기 십상이기 때문이다. 참매의 둥지 근처에서 활동하려면 평소보다 더 높이 날아야 하고, 맹금류의 급강하 범위 안으로는 발도 들여서는 안 된다. 즉 맹금류의 둥지 주변에는 안보 우산이 펼쳐져 있는 셈이다.

듬직한 이웃이 제공하는 보안 덕분에 검은뺨벌새의 알과 새끼들은 안전을 보장받는다. 이 구역 벌새들의 번식 성공률이 꽤 높은 이유다.[71] 그런데 이쯤에서 생기는 의문점이 있을 것이다. 벌새는 맹금류에게 안 잡아먹힐까? 벌새 체중의 200배에 달하는 맹금류에게 벌새는 너무 작고 움직임도 빨라서 잡아먹는 수고가 더 비효율적이다!

떼베짜는새는 수백 마리가 함께 집합 주택을 짓고 다 같이 생활한다.
어떤 방은 다른 새도 와서 사용한다!

떼베짜는새의 집합 주택

공간 대비 거주 인구가 많은 도시에 여러 형태의 공동 주택이 있듯, 아프리카 남부의 나무나 전봇대 위에는 거대한 풀더미 모양의 새 둥지가 있다. 이것은 바로 떼베짜는새의 집합 주택! 떼베짜는새는 마른 풀줄기로 큰 골격을 잡고 여러 개의 작은 방을 만든 뒤 방바닥에 마른 잎이나 동물의 털을 푹신하게 깔아둔다. 각각의 방에는 독립된 출입구도 있다. 이렇게 만든 집합 둥지에서 떼베짜는새 수백 마리가 함께 살아간다.

또, 떼베짜는새는 번식 보조자가 있는 협동 번식을 한다. 수백 쌍의 떼베짜는새 부부는 서로의 새끼를 함께 기른다. 한집에서 일찍 태어난 형제자매도 동생들을 돌보지만, 이웃집의 형·누나·오빠·언니도 옆집 동생들을 돌본다. 새끼들은 다 자라면 둥지 안의 새로운 작은 방으로 이주해 몇 대가 그 둥지에서 함께 생활한다.[72]

아프리카 대륙은 드넓은 초원 위주라 여름 기온은 40℃가 넘고 겨울 기온은 영하로 내려간다. 그런데 관목이나 교목은 많지 않아서 떼베짜는새의 거대 둥지가 중요한 차폐막 역할을 한다. 여름에는 뜨거운 햇볕을 막아 주고, 겨울에는 보온 기능을 제공하는 것이다. 심지어 다른 새들이 오가다 쉬어가기도 한다. 피그미새매도 가끔 떼베짜는새 둥지의 작은 방 하나를 차지하고 살면서 자신의 새끼들을 기른다.

임대료도 안 받아
손해가 막심해!

배설강의 세 가지 기능

1. 배설

무례한 녀석!

2. 교미

3. 산란

배설강 키스

새의 '배설강'은 하나의 출구지만 배설, 교미, 산란 세 가지 기능을 수행한다.

소화 기관을 거치면서 만들어진 까만 먹이 찌꺼기는 신장대사를 거치고 난 하얀 요산과 합쳐져, 배설강을 통해 몸 밖으로 배출된다. 인간에게도 가끔 떨어지는 이 새똥은 사실 먹이 찌꺼기와 오줌의 혼합물이다! 새들은 장의 길이가 짧아서 숙변을 저장할 공간이 없다. 배설물이 생기면 그때그때 바로 싼다. 그러면 체중도 가벼워져서 비행의 부담이 낮아진다.

또, 대부분의 수컷 새에게는 음경이 없어서(오리에게는 있고, 길이도 30cm나 된다) 주로 배설강을 접촉하는 방식으로 교미한다. 이를 배설강 키스cloacal kiss라고도 한다. 수컷이 암컷의 등 위에서 꽁무니를 이리저리 틀며 암컷의 배설강과 위치를 맞춘 뒤 단 몇 초 만에 거사를 치르고 곧이어 알을 낳는다!

세 가지
소원 중
하나 성취

난세포에서 산란까지 알 하나가 만들어지는 시간

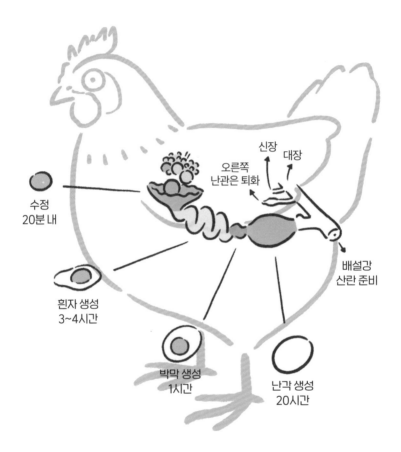

수정
20분 내

흰자 생성
3~4시간

박막 생성
1시간

난각 생성
20시간

오른쪽
난관은 퇴화

신장

대장

배설강
산란 준비

알의 생성

대부분의 새는 오른쪽 난소와 수란관이 퇴화되어 있고, 왼쪽의 것만 발달되어 있다. 성숙한 난포(난황)가 난소에서 떨어져 나와 수란관으로 진입하면, 누두부(나팔관)에서 수정이 이루어진다. 이 난포는 수란관에서 가장 긴 부위인 팽대부에서 흰자(난백)로 덮이고, 협부에서 그 흰자를 덮는 내외부 각막이 형성된다. 마지막으로 자궁에 진입하면 탄산칼슘으로 이루어진 겉껍데기, 즉 난각으로 덮인다. 난각의 색과 무늬도 여기서 만들어지는데, 이 단계에 가장 많은 시간이 걸린다. 많은 참새목 조류들은 밤사이에 난각이 형성되어 새벽에 알을 낳는다.

난각을 이루고 있는 주요 성분이 칼슘이기 때문에 암컷은 알을 낳으면 칼슘이 유실된다. 그래서 암컷은 알을 낳기 전에 달팽이 껍질 등을 찾아 먹으며 칼슘을 보충한다. 이렇게 만들어진 알이 질로 이동하면 배설강에서 산란 준비가 이루어진다. 난포에서 산란까지, 즉 알이 만들어져서 세상 밖으로 나오기까지는 대략 하루가 걸린다. 그래서 조류의 암컷은 하루에 한 개의 알만 낳을 수 있다. 일부 대형 맹금류는 하나의 알을 만들어 내는 데 3~5일이 걸리고, 가다랭이잡이는 7일이 걸린다!

칼슘을 보충해야
알 껍질이 튼튼!

비동기 부화한 새끼들은 체형과 경쟁 능력이 다르다

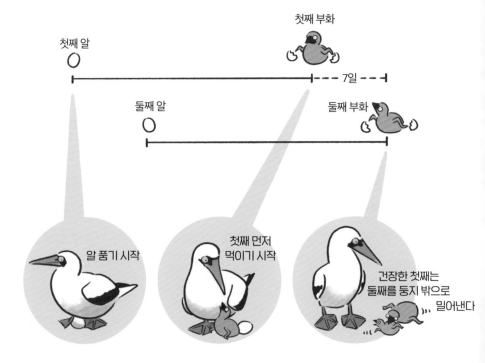

첫째 부화

첫째 알

7일

둘째 알

둘째 부화

알 품기 시작

첫째 먼저
먹이기 시작

건장한 첫째는
둘째를 둥지 밖으로
밀어낸다

알을 품은 시간의 차이

알을 낳자마자 바로 부화시킬 필요는 없다. 알 속의 배아는 아직 발육이 시작되지 않은 상태이기 때문이다. '포란'*은 배아의 발육 스위치와 같다. 알 속의 온도는 어미 새가 품어야 높아지고, 온도가 충분히 높아져야 그때부터 배아의 발육이 시작된다. 많은 부모 새들은 알 품는 기간 동안 복부의 깃털이 탈락하는데, 이 부분을 '포란반brood patch'이라 한다. 털이 빠진 맨살 속의 혈관으로 알에 온기를 전달하기 위한 것이다. 그런데 가다랭이잡이는 물갈퀴로 알을 품는다. 가다랭이잡이는 포란 기간에 물갈퀴 속의 혈관이 부쩍 많아지는데, 그 혈관의 온기로 알을 따뜻하게 품는 것이다.[73]

대부분의 새는 모든 알을 낳은 뒤 한꺼번에 품기 시작한다. 그래서 모든 알에서 새끼들이 부화하는 시기도 거의 비슷하다. 이를 '동기 부화synchronous hatching'라 한다. 그런데 아직 알을 다 낳지 않은 상태에서 먼저 낳은 알부터 품기 시작하면, 그 알부터 일찍 발육되어 먼저 부화하고, 나중에 낳은 알은 늦게 부화된다. 이를 '비동기 부화asynchronous hatching'라 한다.

이런 시차는 얼핏 작아 보이지만 결코 사소하지 않다. 나스카얼가니새

* 抱卵, 알을 품는 것

는 첫째와 둘째의 부화 시간에 약 4~7일 정도 차이가 나는데, 이 며칠 사이에 첫째가 부모 새의 먹이를 독차지하면서 자란다. 며칠 뒤에 태어난 둘째는 이미 건장하게 자란 첫째에게 괴롭힘을 당하기 쉽고, 심지어 첫째에 의해 둥지 밖으로 밀려나 떨어지기도 한다. 나스카얼가니새의 부모 새도 이 모든 과정을 방치하기만 한다. 이렇게 부모·형제로부터 버림받은 둘째는 그대로 굶어 죽거나 다른 동물의 먹이가 된다.

부모 새의 입장에서는 한정된 먹이 자원을 가장 건강한 새끼에게 투자하는 선택이다. 하지만 두 번째 알도 낳는 이유는 첫 번째 알이 부화와 성장에 실패했을 때를 대비하기 위한 보험이기 때문이다![74]

알 품는 동안
알에 전달되는 →
부모새의 체온

작은 새의
포란반

복부의
맨살

펭귄의 포란반

가다랭이잡이의
물갈퀴 속 혈관

흰물떼새는 다친 척해서 천적의 주의를 끈다

천적은 둥지에서 멀어진다

알과 새끼를 무사히 보호했다!

새끼를 보호하기 위한 행동

천적이 둥지 부근에 나타나기라도 하면, 새들은 고생해서 낳은 알과 새끼를 보호하기 위해 어떻게 할까? 대형 맹금류는 직접 침입자를 공격해서 쫓아낸다. 그런데 이렇게 직접 방어하다 보면 자신이 상처를 입거나 죽을 수도 있다.

그래서 어떤 새들은 천적의 주의를 분산시키는 전략을 취한다. 땅바닥에 엎어져서는 날개를 다쳐 날아오르지 못하는 척을 하는 것이다. 천적을 오히려 뒤따라가거나 천적이 둥지 대신 자신에게 다가오도록 천적을 유인하다가, 천적이 둥지에서 충분히 멀어졌다 싶으면 갑자기 휘익 날아오른다. 감쪽같이 속은 포식자는 먹잇감을 놓친 채 그 자리에 덩그러니 남겨지게 된다.[75]

쏙독새나 흰물떼새 등의 물떼새처럼 지표면에 알을 낳아 번식하는 새들은 종종 이렇게 의상擬傷행동을 한다. 앞으로 이렇게 연기력 출중한 새를 보게 되거든 책임감 강한 부모 새구나 여기고, 그들의 연기에 감탄하면서 멀리 벗어나 주도록 하자!

새들에게도 육추는 여간 고단한 노릇이 아니다 보니, 대만파랑까치 *Urocissa caerulea*와 호주까치처럼 번식 기간에 특히 더 공격성이 강해지는 새들이 있다. 이 새들은 심지어 길 가는 사람을 이유 없이 공격하기도 한다. 이에 호주 정부는 공원마다 '새들이 번식기에 공격성이 강해지는 것은 정상적인 현상이므로 동반한 아동을 잘 보호하라'는 내용의 안내판을 설치하기에 이르렀다.

2019년, 호주 시드니에서는 한 호주까치가 지나가는 자전거 라이더를 심하게 공격하다가 지방정부의 결정으로 사살된 일이 있었다. 이에 호주 시민들은 번식기 새들의 공격성이 강하다는 건 호주 시민들에게는 보편적인 상식인데 지방정부의 대응이 과도했다며 항의했고, 여론에 못 이긴 호주 지방정부는 결국 사과문을 발표했다.

내 새끼한테서 떨어져!!!

많은 맹금류는 암컷이 수컷보다 더 크다

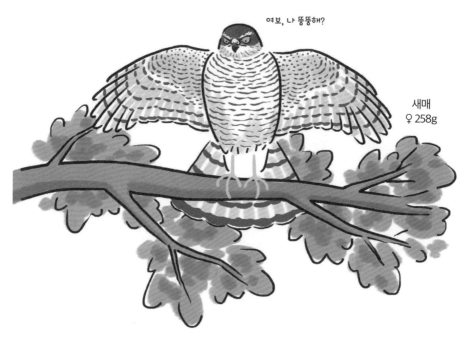

여보, 나 뚱뚱해?

새매
♀ 258g

아, 아니... 삐쩍 말랐어

♂ 149g

성적 이형성

곤충이든 양서류든 포유류든, 대부분의 생물은 암수의 외관상 차이가 크다. 조류도 예외가 아니어서 대부분 수컷이 암컷보다 더 크고 화려하다. 이런 현상을 '성적 이형성sexual dimorphism'이라 한다. 다윈은 '성 선택sexual selection' 이론으로 이런 현상을 설명한다. 수컷은 영역을 지키고 교미할 기회를 얻고자 경쟁하는 과정에서 크고 화려한 외형으로 진화했다는 것이다.

그런데 이와 반대로 암컷이 더 크거나 화려한 새도 있다. 이런 현상은 '역성적 이형성reversed sexual dimorphism'이라 한다. 일처다부제로 살아가는 호사도요와 물꿩은 수컷이 부화와 육추를 책임지고, 암컷끼리 교미 경쟁을 벌인다. 그래서 암컷의 깃털이 수컷보다 더 화려하다. 수리, 매, 올빼미 등의 맹금류도 암컷의 체형이 수컷보다 더 크다.[76]

연구 결과에 따르면, 맹금류의 암수 체형 차이는 사냥물의 종류와 그 사냥물의 민첩성에 영향을 받는다고 한다. 맹금류는 암컷이 부화와 육추를 담당하고 수컷이 사냥을 담당하는데, 체구가 작아야 민첩한 사냥감을 잡는 데 유리하다. 작은 사냥감은 그 수가 많아서 대형 사냥감보다 구하기 쉽고, 그만큼 안정적인 먹이 공급원이 된다. 죽은 동물의 고기를 먹고 사는 콘도르에 비해 작은 새를 사냥해서 먹는 새매가 암수의 체형 차이가 더 크다.[77]

레이산앨버트로스는 출생지로 돌아와 짝을 찾는다

한 번 짝을 지으면 수십 년간 유지한다

함께 구애의 춤을 춘다

한 개의 알만 낳아
2달간 번갈아가며 품고

후~ 지친다!

이후 5~6달간
새끼를 돌본다

작은 토산형
둥지를 만든다

올해는 나도 좀 쉴래!

168

가장 나이 많은 새가 세운 기록

당신은 70세가 되면 꼭 해보고 싶은 일이 무엇인가? 적어도 출산은 아닐 것이다! 그런데 69세의 레이산앨버트로스 옹은 매년 활력적으로 미드웨이Midway섬으로 돌아와 다음 세대를 낳고 기른다. 미국 하와이의 서북방에 위치한 미드웨이섬은 레이산앨버트로스의 중요한 번식지다. 매년 백만 마리의 레이산앨버트로스가 이 섬으로 와서 번식한다. 그중 가장 유명한 새는 노익장을 과시하는 위즈덤이다.

위즈덤은 1956년에 한 연구원이 미드웨이섬에서 다리에 조류 인식표를 끼울 때만 해도 약 5세로 추정되었다. 앨버트로스는 성 성숙이 늦는 조류이므로 3~5세의 유조라면 아직 종횡무진 하늘을 누빌 나이였다. 이후 매년 출생지로 돌아와 짝을 찾는데, 한 번 짝을 지으면 그대로 수십 년간 변치 않는다. 앨버트로스는 통상 6~8세에 처음 번식을 한다. 한 번에 한 개의 알만 낳아 2개월간 암수가 번갈아 품다가, 새끼가 알을 깨고 나오면 5~6개월에 걸쳐 지극정성으로 돌본다. 이렇게 시간과 노력이 많이 들기 때문에 대부분의 레이산앨버트로스는 매년 번식을 하지는 않는다.

그런데 2006년부터 위즈덤은 매년 미드웨이섬으로 돌아와 알을 낳고 새끼를 기르고 있다. 이 모범적인 할머니가 지금까지 낳아 기른 새끼는 총 35마리 이상! 아마도 위즈덤은 지구상에서 가장 나이 많은 야생 번식조일 것이다. 이 할머니 새가 세운 기록은 지금까지도 깨지지 않고 있다![78 79]

기생 공방전

다른 새들이 부화와 육추에 정신이 없을 때 둥지도 짓지 않고 알도 품지 않은 새들이 있다. 이런 새들은 다른 새의 둥지에 몰래 자신의 알을 낳고, 고단한 육추의 부담까지 모조리 그 새에게 떠넘긴다. 이런 종류의 기생을 탁란托卵, 혹은 부화 기생brood parasitism이라 한다. 전 세계 조류종 가운데 약 1%가 부화 기생을 하는 것으로 알려져 있다. 그중 사람들에게 가장 잘 알려진 조류가 뻐꾸기과 새들이고, 북아메리카의 갈색머리흑조와 남아메리카의 검은머리오리, 아프리카의 큰꿀잡이새 등도 부화 기생을 한다.

사실 기생을 하는 것도 쉬운 일은 아니다. 암컷은 숙주 새들의 동정을 빈틈없이 살피다가 가장 적합한 대상을 정하고, 숙주 새가 잠시 둥지를 떠났을 때 몰래 둥지 안으로 들어가 재빨리 자신의 알을 낳고 나와야 하니 말이다. 많은 숙주 새들은 기생 새가 둥지 근처에서 얼쩡거리면 동료 새들을 불러와 함께 쫓아 버린다. 그런데 뻐꾸기과 여러 새들은 가슴의 줄무늬와 회갈색의 등 부분이 소형 맹금류와 무척 흡사하다. 이런 의태 mimicry 때문에 작은 새들은 뻐꾸기를 맹금류로 오인하고 큰 소리로 울어 대거나 둥지에서 도망가 버린다. 이렇게 무방비로 노출된 둥지에 뻐꾸기 암컷이 들어가 알을 낳는 것이다. 만일 숙주 새가 너무 공격적이거나 둥지에서 포식자를 만나기라도 하면, 뻐꾸기의 의태는 상대방을 위협하거나 자신을 보호하는 역할도 한다! 뻐꾸기방울새 암컷은 숙주 새인 금란조 암컷과 외양이 너무나 흡사해서 거의 경계를 받지 않는다.

그런데 숙주 새들도 점점 자신의 알을 알아보는 능력을 발달시키고 있어, 외부의 알이다 싶으면 둥지 밖으로 밀어 버린다. 심지어 어떤 새들은 둥지가 기생 당했다고 판단되면 둥지 자체를 버리고 떠나기도 한다. 한편 기생 새들은 숙주 새에게 간파당하지 않기 위해 자신의 알도 숙주 새의 알과 비슷하게 보이도록 진화했다. 사실 금란조 알의 색깔과 무늬가 종마다 조금씩 다르기 때문에, 뻐꾸기도 매번 다른 새의 알을 그대로 모방하기란 쉽지 않다. 그래서 뻐꾸기는 특정 새의 알과 비슷해 보이는 알을 낳고 그 새에게만 전문적으로 기생한다. 이런 뻐꾸기의 위조 기술도 대단하지만, 위조 방지 기술도 나날이 발전 중이다. 뻐꾸기방울새에게 종종 부화 기생 당하는 황갈색겨드랑이프리니아 암컷은 마치 도난 방지용 워터마크를 찍듯 자신만의 색깔과 무늬가 도드라진 알을 낳는다. 그러나 기생 새의 알과 숙주 새의 알 차이가 크지 않아, 기생 새의 알을 숙주 새가 알아보기 어려운 경우도 있다. 한편 뻐꾸기도 아직은 유럽바위종다리의 알을 완벽히 모방한 알은 낳지 못하고 있다.

알에서 방어선이 무너지면, 기생 공방전은 다음 단계로 진입한다. 기생 새의 유조는 보통 숙주 새의 새끼보다 빨리 부화한다. 이때 뻐꾸기 유조는 둥지 안에 있는 다른 알을 등으로 밀어서 둥지 밖으로 버리고 양부모의 보살핌을 독차지한다. 큰꿀잡이새 유조는 부리 끝이 뾰족한 갈고리 모양으로 되어 있는데, 숙주 새의 새끼들이 부화하면 부리로 힘껏 깨

숙주 새가
기생 새를 축출

기생 새가 다른 새와
비슷해 보이는 의태

맹금류다!
도망쳐!

숙주 새도 외부 알을
알아보고 밀어낸다

흥! 날 속여?

기생 새는 숙주 새의 알을 모방

	붉은꼬리딱새	되새	유럽개개비	풀밭종다리	붉은등때까치
숙주 새					
뻐꾸기					

숙주 새 알의 외관상 변이

흥! 우리도 각자
자기만의
무늬가 있다구!

짜증나!
난이도가 점점…

	암컷A	암컷B	암컷C	암컷D	암컷E	

황갈색겨드랑이프리니아

뻐꾸기방울새

기생 새 유조의 공격

1. 잘 가~ 뻐꾸기 유조는
숙주의 알을 둥지 밖으로 밀어낸다

2. 죽어라! 꿀잡이새 유조는
숙주의 새끼들을 죽인다

3. 익각의 노란색이 어미새의
양육 본능을 자극한다

4. 숙주 새 유조의 생김새를
모방한다

쟤넨 짝퉁이야!

숙주 새가 둥지를 버리고 떠난다

흥! 날 속여?

To be continued…

문다. 몇 시간 후면 숙주 새의 유조는 극심한 출혈과 외상으로 결국 목숨을 잃는다. 휘파람매사촌 유조의 익각에 있는 노란색은 숙주 새 유조의 부리 속 노란색을 모방한 것이다. 휘파람매사촌 유조가 먹이를 달라고 조르면서 양쪽 날개를 퍼덕이면 양부모 새는 둥지 안에서 새끼 여러 마리가 먹이를 달라고 조르는 것으로 생각하고 더 열심히 먹이를 물어나른다. 양부모 새의 먹이 나르기는 새끼가 부화하자마자 시작되어 이소할 때까지 지속된다. 그런데 한 연구에 따르면, 숙주 새도 뭔가 이상한 낌새를 눈치채면 기생 새의 유조를 버린다고 한다. 푸른요정굴뚝새 *Malurus cyaneus*는 이런 경우 아예 둥지를 버리고 떠난다. 큰부리파리잡이새*Gerygone magnirostris*는 심지어 작은청동뻐꾸기 유조를 둥지 밖으로 끄집어낸다. 작은청동뻐꾸기를 포함한 청동뻐꾸기 3종의 유조는 숙주 새의 유조와 겉모습마저 흡사해 보이도록 진화했는데도 말이다.[80][81]

기생 새와 숙주 새의 숨 막히는 공방전, 과연 누가 최후의 승자가 될까? 드라마는 계속된다.

네 새끼는 좀 네가 키워!

싫어!

VS

먼저 태어난 대만파랑까치 유조들은 동생들을 돌보며
부모의 육추 부담을 덜어주고 자신만의 육추 경험을 쌓아간다

협동 번식

새들의 세계에는 한부모 가정과 양부모 가정 외에 대가족을 이룬 형태도 존재한다. 전 세계 1만여 종의 새들 가운데 약 300여 종이 성조 여러 마리가 함께 둥지를 짓고, 자신의 새끼건 아니건 간에 공동으로 부화를 시키고 육추를 한다. 이를 '협동 번식cooperative breeding'이라 한다.[82]

여기에 해당하는 가장 대표적인 예가 대만파랑까치다. 어미 새가 알을 낳으면 친족 관계로 이루어진 '번식 보조자', 나머지 구성원 중 이전에 태

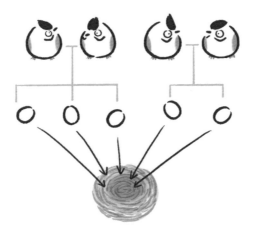

갈색머리꼬리치레는 종종 두 쌍의 부부가 함께 둥지를 지음으로써 육추 부담을 덜고 실패 위험은 낮춘다

어난 유조가 동생 새들을 돌본다.[83] 번식 보조자가 있으면 부모 새는 영역을 지키고 먹이를 구하는 데 전념할 수 있어, 육추의 부담이 한결 가벼워진다. 갓 태어난 새끼도 항상 고품질의 보살핌을 받을 수 있고, 번식 보조자도 육추 경험을 쌓을 수 있어 미래에 자신의 번식에도 도움이 된다.

협동 번식을 하는 새들 가운데 약 20여 종은 '공용 둥지 시스템'도 택하고 있다. 서로 아무 사이 아닌 새들끼리 모여 살면서, 한 마리 이상의 암컷이 같은 둥지 안에서 알을 낳는다.

대만에서 중상층 해발 고도의 산악 지대에 사는 갈색머리꼬리치레 *Yuhina brunneiceps*는 번식기에 태풍과 호우가 심하고 천적이 알이나 새끼를 잡아먹는 바람에 번식에 실패하는 일이 많았다. 하지만 번식에 참여하는 구성원이 많으면 둥지를 짓는 속도도 빠르고, 만약 실패하더라도 다시 빠르게 새 둥지를 지을 수 있다. 위험을 분산하는 것이다. 부모 새들이 서로의 부화를 돕고 육추의 짐을 나누어 지면 번식의 부담도 크게 줄일 수 있다.[84][85]

04

비행과 이동

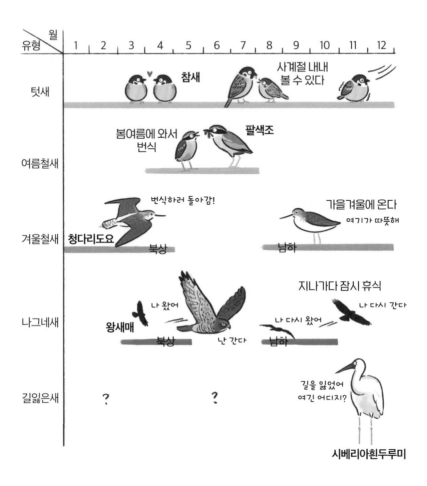

떠나거나 머무르는 새들

비행은 많은 새의 주요 이동 수단이다. 또한 계절의 변화에 따라 고정된 장소를 주기적으로 이동하는 수단이기도 하다.

새 중에는 1년 내내 서식 환경이 만족스러운 새들도 있지만, 특정 계절이 되면 그 기후가 생존에 부적합해지는 새들도 있다. 그 새들은 다른 곳으로 이동해서 해당 시기를 보낸다. 이러한 정착·이동 패턴에 따라 새들은 다음의 종류들로 나눌 수 있다.

1. 텃새: 사계절 내내 볼 수 있다. 특정 지역에서 1년 내내 생활하며 번식하고 월동을 한다.

2. 철새: 매년 정기적으로 번식지와 월동지를 오간다. 봄·여름철 번식기에 와서 번식하는 새를 '여름철새'라 하고, 가을·겨울철 비번식기에 와서 겨울을 나는 새는 '겨울철새'라 한다. 즉 같은 철새라도 번식지에 사는 사람들은 그 새를 여름철새라고 부르고, 월동지에 사는 사람들은 그 새를 겨울철새라고 부른다. 철새는 이동 과정 중 상당한 에너지가 소모되기 때문에 특정 지역에 들러 잠시 쉬면서 먹이를 보충하기도 하는데, 이 지역에 사는 사람들은 그 새를 '나그네새'라고 부른다.

3. 길잃은새: 날씨나 다른 여러 요인으로 인해 이동 경로를 이탈하게 된 새를 가리킨다.

세가락도요의 1년 스케줄

8월

7월

9월

6월

10월

번식지에서 번식

번식지
월동지

5월

11월

4월

12월

3월

1월

2월

남쪽으로 이동

다시 이동
북쪽으로 전진

월동지에서 월동

위도 이동

철새의 이동에 영향을 미치는 요인은 많다. 어떤 이론에서는 새들이 과거 남반구의 열대림에서 대량으로 번식하고 진화했는데, 현지 환경의 자원 부족이 심각해지자 일부 새들이 고위도 지역으로 이동하여 번식하다가 겨울이 되면 다시 저위도 지역으로 돌아오기를 선택한 결과라고 말한다. 그런데 다른 이론에서는 북반구의 고위도 지역에서 살던 새들이 겨울에만 저위도 지역으로 이동하여 겨울을 나다가, 그것이 주기적인 이동으로 발전한 결과라고 설명한다.[86]

여러 연구를 종합해 보면, 계절에 따른 기온 변동이 철새 이동의 가장 큰 원인인 셈이다. 새들은 온도가 낮은 환경에서는 체온을 유지하기 위해 더 많은 에너지를 소모해야 한다. 그래서 먹이 자원마저 부족해지는 겨울에는 생존이 더욱더 힘들어진다. 그 밖의 다른 환경적 요인들은 새들이 멀리까지 이동해야 할 이유는 되지 못한다.[87]

철새들은 이동 도중에 중간 기착지에 들러 잠시 휴식을 취하고 먹이도 보충하면서 체력을 회복하기 때문에 육지와 바다의 분포 상태도 철새들의 이동 경로에 큰 영향을 미친다. 시베리아와 동북아, 몽골 등에서 번식하는 철새들은 캄차카반도*, 일본, 대만을 거쳐 마지막으로 필리핀, 동

---

* Kamchatka, 러시아 연방 극동에 있는 반도

남아시아 혹은 호주에 도착하는 동아시아-오스트랄라시아* 노선으로 이동한다. 대만은 쿠릴 열도-일본 열도-류큐 제도-말레이 제도를 잇는 섬 사슬 내에 자리잡고 있어, 먼 거리를 이동하는 철새들에게 중요한 중간 기착지가 되고 있다.

철새의 이동 노선

철새들에게는 고정된 이동 노선이 있는데, 전 세계 지리 분포에 따라 크게 8가지 주요 노선으로 나눌 수 있다. 매년 약 100억 마리의 새들이 이러한 노선들을 따라 위도 이동을 하는 것으로 추산된다.[88]

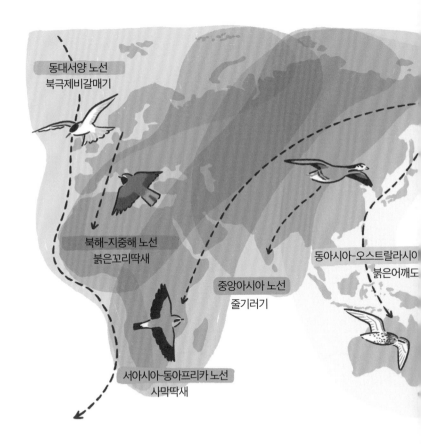

동대서양 노선
북극제비갈매기

북해-지중해 노선
붉은꼬리딱새

중앙아시아 노선
줄기러기

동아시아-오스트랄라시아
붉은어깨도

서아시아-동아프리카 노선
사막딱새

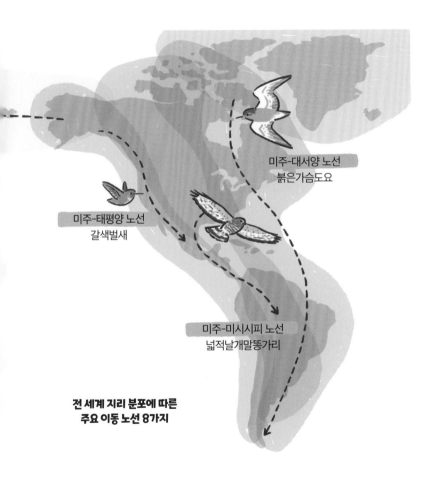

미주-대서양 노선
붉은가슴도요

미주-태평양 노선
갈색벌새

미주-미시시피 노선
넓적날개말똥가리

**전 세계 지리 분포에 따른
주요 이동 노선 8가지**

해발 고도 이동과 경내 이동

해발 고도 이동

고산 지대는 겨울이 되면 춥고 먹이가 부족해진다. 그래서 고지대에서 살던 새들은 겨울을 앞두고 평지나 저지대로 이동하여 겨울을 난다. 대만이나 히말라야산맥, 안데스산맥처럼 고도가 높고 경사도가 가파른 지역에서는 새들의 해발 고도 이동이 보편적이다. 대만에서는 붉은머리긴꼬리박새가 겨울을 앞두고 고지대에서 저지대로 이동한다.

반대로, 검은직박구리*Hypsipetes leucocephalus*와 대만오색조처럼 크기가 작은 새들은 저지대에서 고지대로 이동한다. 고지대에서 내려온 다른 새들과의 먹이 경쟁을 피하기 위해서일 수도 있고, 특정 고도대의 먹이 자원이 계절에 따라 달라지기 때문이기도 하다.[89]

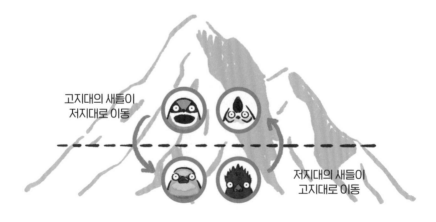

고지대의 새들이
저지대로 이동

저지대의 새들이
고지대로 이동

경내 이동

경내 이동이란 특정 범위 내에서 단지 환경의 변화 때문에 이동하는 것을 가리킨다. 호주에서는 봄이 되면 그레이트디바이딩산맥 서쪽 지역은 심하게 건조해진다. 그래서 9월이 되면 이 지역에 살던 밴디드랩윙과 시끄러운피타*Pitta versicolor* 등은 그레이트디바이딩산맥 서쪽에서 동쪽의 브리즈번으로 이동한다.

　이런 경내 이동은 좀 더 적합한 환경으로 이동하는 것일 뿐이어서 이동 거리가 그리 길지 않다.

좀 더 적합한 환경으로
단거리 이동

철새의 이동 준비 조건

지방은 비행의 중요한 연료

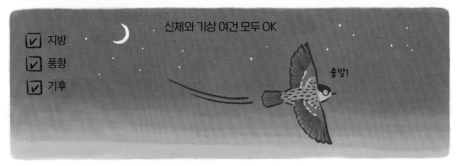

철새의 이동 준비

여름의 끝자락에 다다르면 날씨도 그리 덥지 않고 일조 시간도 짧아진다. 이렇게 계절이 달라지면 새들의 체내 호르몬에도 변화가 일어나, 장거리 이동을 준비하기 시작한다.

우선, 먹고 또 먹어야 한다! 새들은 대이동을 앞두고 특히 많이 먹는다. 비행의 주요 연료인 지방을 가득 저장하느라 뚱뚱해진다. 우리가 장거리 여행을 앞두고 자동차에 휘발유를 가득 채워 놓는 것과 비슷하다. 철새는 이동 과정 중에 소모하게 될 지방을 충분히 비축해 놓아야 한다. 일단 출발하고 나면 망망대해를 지나는 동안 아무 때나 쉴 수 없기 때문이다.

검은머리솔새는 원래 몸무게가 12g밖에 되지 않지만, 장거리 이동을 앞두고 기존 몸무게의 2배에 가까운 20g까지 찐다![90] 이렇게 저장한 지방으로 미국 동북부에서 2,770km 떨어진 남아메리카까지 3일에 걸쳐 비행한다.[91] 몸무게가 3~4g에 불과한 붉은목벌새도 장거리 이동을 앞두고 몸무게의 40% 이상을 지방으로 축적하는데, 약 20여 시간에 걸쳐 멕시코만을 횡단하는 동안 그 지방을 다 소모한다.[92]

신체상의 준비가 완료되었다면, 이제 살펴야 할 것은 기상 여건이다. 비가 내린다거나 안개, 풍향 등의 조건이 비행에 불리하다면 아직 좀 더 기다려야 한다. 드디어 기상 여건도 좋아졌다면? 고민할 필요 없이, 바로 출발이다!

날이
안 좋아...

주간 이동

맹금류는 낮의 상승기류를 이용한다

상승기류 덕에
가뿐!

야간 이동

작은 새들은 서늘하고 기류가 안정적인
밤에 이동한다

시원하니
좋구나~

V자 대형

교대 좀 하자!

앞선 새의 날개 끝이 만들어 내는 기류를 이용

바쁘디 바쁜 이동의 계절

산맥 이동 시기에는 낮이든 밤이든 언제나 바쁘다. 태양이 내리쬐는 낮에는 지표면의 가열 불균형으로 공기가 팽창하며 소용돌이 형태로 상승하는 열기류가 발생한다. 대형 조류와 맹금류들은 이런 상승 기류를 타고 마치 엘리베이터를 타고 올라가듯 하늘 높이 날아오른다. 이후 바람을 타고 천천히 날아가면 에너지를 크게 아낄 수 있다. 하지만 작은 새들은 대사 속도와 에너지 소모가 빠르므로 밤에 이동하는 편을 택한다. 밤에는 기류가 안정적이고 기온도 서늘해서 체온이 많이 올라가지 않고 수분 유실도 적다. 물론 낮에 이동 중인 맹금류와 하늘에서 마주쳤다가 잡아먹힐 위험도 피할 수 있다!

이동 시간에 크게 영향 받지 않는 새들은 밤에도 낮에도 날아서 이동한다.[93] 오리·기러기류나 왜가리과 새들은 이동할 때 V자 대형을 이루어 비행하는데, 선두에 있는 새가 날갯짓을 하면 날개 아래에 있던 고압 기류가 날개 끝을 감싸고 돈 뒤 날개 위쪽의 저압 기류로 흐른다. 이렇게 양쪽 날개를 끊임없이 퍼덕이다 보면 상승 기류가 점점 뒤로 이동하는 소용돌이 흐름을 만든다. 그러면 뒤따르는 새들은 앞선 새가 만들어 낸 상승 기류를 타고 비교적 수월하게 하늘을 날 수 있다.[94] 선두에서 선 새는 아무런 기류의 도움도 받지 못한 채 날기 때문에 가장 지치기 쉽다. 그래서 V자 대형 이동 중에는 모든 새가 돌아가면서 선두의 역할을 맡는다.

어디로 가야 하지?

새들은 여러 정보를 종합해서 방위를 판단한다

철새의 항법

장거리 이동을 할 때 지금 자신이 어디에 있는지 알고 정확한 방향을 유지하면서 앞으로 나아가는 것은 새들만의 특별한 능력이다. 그렇게 할 수 있는 수단 가운데 하나는 지구의 자기장을 감지하는 것, 즉 자각磁覺이다.

인간은 나침반이 있어야 방위를 알 수 있지만, 새들은 주로 윗부리나 비강 안에 작은 자철광 같은 '자각 기관'이 있어, 지구의 자기가 남북극 양 끝에서 적도로 갈수록 약해지는 특성에 따라 지리적 위치 정보를 파악한다.

한 연구에서는 호주동박새Zosterops lateralis의 윗부리를 마취시키면 아무리 강력한 자기장에도 반응이 없다는 사실을 발견한 바 있다. 그런가 하면, 조류의 눈이 곧 시각 기관이자 자각 기관이라고 보는 연구도 있다. 빛이 안구의 크립토크롬cryptochrome을 자극하여 망막에 자기장 '도안'을 형성한다는 것인데, 그렇다면 새들은 말 그대로 자기장을 '보는' 셈이다.

그 밖에도 철새들은 태양의 위치, 산맥, 하천, 해안선, 건축물 등의 경관지표나 여러 정보를 종합하여 위치와 방향을 파악한다. 야간 비행을 하는 철새들은 별의 안내도 받는다.[95][96]

새의 몸 안에는
자각기관이 있다

북쪽으로 돌아가 번식해야지!

붉은꼬리딱새 수컷은 영역을 확보하기 위해
암컷보다 빨리 출발한다

암컷보다 14일 일찍
번식지에 도착한다

선발대와 후발대

추운 계절이 다가오면 새들은 따뜻한 남쪽으로 이동한다.

그런데 같은 종의 새라도 암수노소에 따라 출발 시간과 노선이 달라지기도 한다. 일부다처제로 살아가는 새의 경우, 수컷은 새끼들을 돌보지 않아도 되므로 암컷보다 일찍 번식지에서 떠난다. 대만에서 겨울을 나는 쇠부엉이는 그중 75%가 암컷이고, 수컷들은 위도상 좀 더 높은 지역에서 겨울을 난다.[97]

이듬해 봄이 되면, 1년 중 길지 않은 번식기를 맞이하여 대다수의 성조가 북방*의 번식지로 돌아간다. 특히 수컷은 번식지에서의 영역 확보를 위해서라도 빨리 도착해야만 한다. 그러면 번식 기회 면에서도 더 긴 시간을 확보할 수 있다. 아프리카에서 겨울을 나는 붉은꼬리딱새는 수컷이 암컷보다 약 14일 일찍 유럽의 번식지에 도착한다.[98]

그런데 성 성숙에 오랜 시간이 걸리는 새 중에서는 아직 번식 능력이 없는 어린 새들이 월동지에 그대로 남아 여름을 나기도 한다. 더운 여름인데도 대만 해안가에서 종종 보이는 저어새 한두 마리는 아직 어려 번식 능력이 없다.

* 대만 기준의 북방

어른이 되기
싫어

번식 능력이 없는 어린 새들은
월동지에 그대로 남기도 한다   197

과거

현재   해안가 개발로 서식지 감소

철새의 이동을 위협하는 인위적 개발

산 넘고 물 건너 멀리 날아가는 여정은 그 자체로 고되고 힘들다. 그런데 이것으로 끝이 아니다. 만에 하나 체력이 떨어지거나 폭풍이 몰아치거나 천적을 만나기라도 하면, 그대로 목숨을 잃어 영원히 목적지에 도착하지 못 한다. 여기에 인위적 개발까지 새들의 생명을 위협하고 있으니, 새들은 말 그대로 목숨 건 채 살고 있다 해도 과언이 아니다.

대만이 속해 있는 동아시아-오스트랄라시아 노선의 경우, 매년 수백만 마리의 철새들이 러시아 동부와 알래스카 등의 번식지에서 출발하여, 중국과 동남아를 거쳐 오세아니아로 가서 겨울을 난다. 굉장히 먼 거리이기 때문에 새들에게는 중간에 쉬면서 먹이도 찾고 체력도 보충할 곳이 필요한데, 그중 대만이 이들에게 중요한 중간 기착지가 되고 있다.

그런데 최근 중국이 연해에서 진행하고 있는 대규모 건설·간척 사업으로 인해 인공화된 해안의 길이가 만리장성을 능가하고 있다. 이런 대규모 개발로 GDP만 신경 쓰는 동안 갯벌과 습지가 사라진 탓에, 동아시아-오스트랄라시아 노선으로 이동하는 철새의 수가 심각하게 감소하고 있다.[99][100]

그 밖에도 도시 개발이 가속화되면서 야간에도 많은 조명시설이 빛 공해를 일으켜, 밤에 이동하는 철새들에게 악영향을 미친다. 마치 불을 향해 달려드는 불나방처럼 많은 철새가 도시의 강렬한 불빛에 이끌려 날아오다 고층 건물의 유리창 벽에 부딪혀 죽는 일도 많다. 철새들은 빛에 의한 교란으로 방향 감각을 상실하여 원래의 이동 경로를 이탈하게 되기도 한다.[101]

도시의 야간 조명도 철새에게 악영향을 준다

영양 상태가 좋지 않은 붉은가슴도요는
부리가 짧다

조개가 깊은 곳에 있어!

어떻게 구한 거야?

난 해초
뿐인데

길쭉한 부리 덕분이지~

철새의 이동을 위협하는 기후 변화

봄이 되면 북극권에서는 기온 상승으로 얼음이 녹으면서 벌레가 많이 기어 나온다. 바로 이 시기에, 먼 길을 날아온 철새들이 북극 툰드라에서 번식한다. 새끼들이 알을 깨고 나올 때쯤 풍부한 먹이 자원이 펼쳐지도록 시기를 맞추는 것이다. 그런데 지구의 기후가 점점 따뜻해지면서 얼음이 녹는 시기도 33년 전보다 2주가량 빨라지고 있다. 이렇게 되면, 벌레가 많은 시기와 새끼가 알을 깨고 나오는 시기가 맞지 않아 새끼들의 먹이가 부족해질 수 있다. 이런 시기에 태어나 자란 붉은가슴도요 유조는 체구가 아주 작다.

영양 상태가 좋지 않았던 유조가 겨울을 잘 나고 이동까지 무사히 마쳤다 해도 또 다른 문제가 기다리고 있다. 발육이 덜 되어 작은 부리로는 개펄 깊이 숨어 있는 조개류를 찾기 힘들다 보니, 영양 가치가 낮은 먹이밖에 구하지 못하는 것이다. 이렇게 부리가 덜 자란 붉은가슴도요 유조는 부리가 긴 유조에 비해 생존 확률이 절반밖에 되지 않는다.[102]

먼 거리를 이동해야 하는 새들은 멀리 떨어져 있는 번식지의 기후 상태까지 예측하기 어렵다. 새들의 생체 시계는 일조 시간의 길이 등 여러 요소의 영향을 받기 때문에 급속히 변화하고 있는 기후에 적응하기도 힘들다. 반면 월동지와 번식지 사이의 거리가 짧은 철새들은 점점 따뜻해지는 기후에 맞추어 조금 일찍 이동을 시작하는 등 비교적 잘 적응하는

편이다.[103]

그런데 지구온난화의 영향을 받는 것은 철새뿐만이 아니다. 여러 높이의 해발 고도 지대에 사는 텃새들도 서식지의 고도가 점점 높아지는 추세. 한 연구에 따르면, 페루 산악 지대에 사는 새들도 지난 30년 사이 서식지의 고도는 점점 높아지고 활동 범위는 축소되고 있다고 한다. 이것은 멸종 위기의 징후로, 그 새 중 일부는 이미 멸종했다.[104] 대만에 서식하고 있는 바위종다리도 1992년에는 해발 3,550~3,660m 사이에 분포했는데, 2014년에는 분포 지대가 해발 3,660m 이상으로 높아졌다.[105]

바위종다리의 분포 고도는
계속 상승 중

더워!

이동의 극한을 이겨내는 체력

육지를 따라 이동하는 새들은 비행하다 지치면 적당한 데 착지해서 며칠 쉬면서 체력을 보충하고 다시 길을 떠나도 된다. 그런데 망망대해를 지나야 하는 새라면 사전에 준비를 철저히 하고 떠나야 한다. 다행히 체구가 큰 새들은 지방을 많이 저장할 수 있고 비행의 지속력도 뛰어난 편이다. 그중 가장 눈부신 기록을 보유한 새는 큰뒷부리도요다. 8일간 먹지도 마시지도 않고 알래스카에서 뉴질랜드까지 총 11,000km를 쉬지도 않고 날았다고 한다.[106]

이동 거리 면에서는 북극제비갈매기를 따라올 새가 없다. 이 새들은 매년 가을이면 북극권의 번식지에서 출발하여, 여름이 된 남극까지 날아

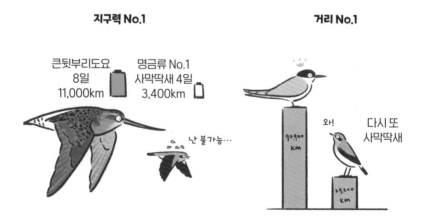

지구력 No.1

큰뒷부리도요 명금류 No.1
8일 사막딱새 4일
11,000km 3,400km

난 불가능…

거리 No.1

70,900 km

와! 다시 또
사막딱새

29,200 km

가 겨울을 난다. 왕복 약 70,900km, 월동지에서의 활동까지 더한다면 총 이동 거리는 무려 90,000km 이상에 달한다. 이제까지 알려진 가운데 이동 거리가 가장 긴 동물이다. 북극제비갈매기의 수명이 약 30년임을 감안하면, 평생 이동한 거리의 합은 무려 지구에서 달까지 3번을 왕복한 거리에 해당한다![107]

매년 인도, 미얀마 등의 월동지에서 출발해서 히말라야산맥을 지나 중앙아시아에서 번식하는 줄기러기는 비행 고도로 최고 기록이 해발 7,000km에 달한다. 고산의 정상보다 높은 하늘에서는 산소 농도가 지표면의 10%에 불과할 만큼 희박하지만, 커다란 폐와 빽빽한 모세혈관에 산소를 저장했다가 공급한다. 무려 7~8시간 만에 해수면 고도에서부터 6,000km 높이까지 날아오르는 새다.[108]

해발 고도 No.1

고산증?
그게 뭐야?

히말라야산맥

속도 No.1

시속 97km

뭐?

매는 급강하로 사냥감을 포착할 때 시속이 300km에 이를 만큼 비행 속도가 가장 빠르다. 하지만 장거리 비행 속도로는 큰꺅도요를 따를 새가 없다. 큰꺅도요의 이동 중 비행 속도는 가장 빠를 때 시간당 97km에 달하고, 한 번도 쉬지 않고 6,800km까지 비행한 기록도 있다. 이것은 심지어 순풍의 도움을 받을 수 없었을 때의 기록이다.[109]

info-

이 책에 등장한 새

한글명	영문명	학명	설명
가시올빼미	Burrowing Owl	*Athene cunicularia*	아메리카 대륙에 분포. 둥지의 구멍 주위에 똥을 발라 그 냄새에 이끌려 온 곤충을 잡아먹는다.
갈색머리꼬리치레	Taiwan Yuhina	*Yuhina brunneiceps*	대만 고유종. 두 쌍 이상의 부모 새가 서로의 알도 품어주고 새끼도 함께 기르는 협동 번식을 한다.
갈색머리흑조	Brown-headed Cowbird	*Molothrus ater*	북아메리카에 광범위하게 분포하며 탁란(부화 기생)을 한다.
갈색벌새	Rufous Hummingbird	*Selasphorus rufus*	미국 서부에 사는 철새. 알래스카에서 멕시코까지 3,000km 이상을 이동한다.
개구리매	Eastern Marsh Harrier	*Circus spilonotus*	풀이 자라는 습지에 서식하는 맹금류. 다른 새를 잡아먹거나 습지 안에서 사냥을 한다.
검은가슴물떼새	Pacific Golden Plover	*Pluvialis fulva*	유조의 몸 색깔이 물가의 땅이나 습지에서는 눈에 잘 띄지 않는다.
검은눈방울새	Dark-eyed Junco	*Junco hyemalis*	북아메리카에 광범위하게 분포한 소형 조류.
검은대머리수리	American Black Vulture	*Coragyps atratus*	라틴아메리카에 광범위하게 분포. 동물 사체의 고기를 주로 먹는다.

한글명	영문명	학명	설명
검은머리박새	Black-capped Chickadee	*Poecile atricapillus*	미 대륙에서 흔히 볼 수 있으며, 특유의 울음소리로 근처에 포식자가 있음을 동료 새들에게 알린다.
검은머리솔새	Blackpoll Warbler	*Setophaga striata*	미 대륙에 사는 작은 철새. 이동에 앞서 체중을 두 배로 늘리고, 사흘간 쉬지 않고 3,000km를 날아 남아메리카에서 겨울을 난다.
검은머리오리	Black-headed Duck	*Heteronetta atricapilla*	남아메리카 남부에 분포. 탁란(부화 기생)을 한다.
검은목청딱새	Black-naped Monarch	*Hypothymis azurea*	대만, 특히 중남부에서 흔히 볼 수 있는 텃새. 머리, 가슴, 배가 모두 파랗다.
검은뺨벌새	Black-chinned Hummingbird	*Archilochus alexandri*	북아메리카에서 흔히 볼 수 있는 벌새. 정원에 놓아두는 꿀 먹이통의 주요 방문객이다.
검은직박구리	Black Bulbul	*Hypsipetes leucocephalus*	부리와 다리는 붉고 온몸의 깃털은 검다. 대만에서는 여름에 평지에서 활동하고, 겨울이면 산악 지대로 이동한다. 과일이 주식.
검은집게제비갈매기	Black Skimmer	*Rynchops niger*	아랫부리가 윗부리보다 긴 제비갈매기로, 부리를 벌리고 수면을 가르며 날면서 먹이를 찾는다. 미 대륙에 분포.

한글명	영문명	학명	설명
고방오리	Northern Pintail	*Anas acuta*	대만에서 겨울을 나는 철새. 수컷의 가늘고 긴, 위로 치켜올려진 꽁지깃이 특징적이다. 개체수는 많은 편.
귀제비	Striated Swallow	*Cecropis striolata*	대만에서 흔히 볼 수 있는 제비. 인가의 처마 아래 둥지를 짓는다.
금란조	Southern Red Bishop	*Euplectes orix*	뻐꾸기방울새의 탁란(부화 기생) 대상이 되는 새. 두 종의 암컷 모두 외양이 비슷해서 구분하기 어렵다.
기름쏙독새	Oilbird	*Steatornis caripensis*	남아메리카 북부에 분포하는 야행성 조류. 고주파음을 발사한 뒤 되돌아오는 소리를 통해 대상물의 위치를 파악하는 반향정위를 한다.
긴꼬리때까치	Long-tailed Shrike	*Lanius schach*	대만에서 번식하는 때까치. 대만 동부에 많이 살고 있지만, 전체 개체수는 조금씩 줄고 있다.
긴꼬리마나킨	Long-tailed Manakin	*Chiroxiphia linearis*	중앙아메리카에 분포. 수컷이 다른 수컷과 한 조를 이루어 춤을 추면서 암컷에게 구애한다.
까치	Common Magpie	*Pica pica*	유럽과 아시아에, 그리고 우리 주변에도 광범위하게 분포한 바로 그 새.

한글명	영문명	학명	설명
꼬까도요	Ruddy Turnstone	*Arenaria interpres*	돌을 뒤집으며 먹이를 찾는 소형 물새. 대만에서는 중부 연해에서 겨울을 난다.
꼬리비녀극락조	Western Parotia	*Parotia sefilata*	수컷이 머리 위의 가늘고 긴 여섯 가닥의 장식깃을 흔들며 암컷에게 구애한다.
꼬마물떼새	Little Ringed Plover	*Charadrius dubius*	대만에서 흔히 볼 수 있는 소형 물떼새. 바닷가의 갯벌이나 논에 모여 살면서 개펄 표면의 사냥감을 잡아먹는다.
꿀벌벌새	Bee Hummingbird	*Mellisuga helenae*	쿠바에 분포. 지구상에서 가장 작은 새로, 지구에서 가장 큰 새인 타조의 눈보다 더 작다.
꿩	Common Pheasant	*Phasianus colchicus*	아시아에 널리 분포해 있으며 대만에는 고유종과 외래종이 섞여 살고 있다. 일본의 '모모타로' 전설에서는 주인공 모모타로를 도와 귀신을 함께 물리치는 새로 등장한다.
나그네앨버트로스	Wandering Albatross	*Diomedea exulans*	양 날개를 펼치면 지구상에서 가장 큰 새로 총 길이가 3m를 넘는다. 현재는 생존을 위협받아 개체수가 감소하고 있다.
나무황새	Wood Stork	*Mycteria americana*	중남미 대륙에 광범위하게 분포하는 대형 물새. 자신의 다리 위에 배설함으로써 열을 흡수하여 체온을 식힌다.

한글명	영문명	학명	설명
나스카얼가니새	Nazca Booby	*Sula granti*	중남미 서부의 외해에 분포. 연구 결과, 일찍 태어난 새끼가 나중에 태어난 새끼를 둥지 밖으로 밀어내는 것으로 밝혀졌다.
남극도둑갈매기	South Polar Skua	*Stercorarius maccormicki*	다른 새들의 먹이를 훔치는 흉악한 바닷새. 남극에서 번식하고 여러 해역에서 활동한다.
넓적날개말똥가리	Broad-winged Hawk	*Buteo platypterus*	아메리카 대륙에서 살아가는 맹금류 철새.
넓적부리	Northern Shoveler	*Spatula clypeata*	대만에서 겨울을 나는 오리과 철새. 숟가락처럼 보이는 넓은 부리 때문에 넓적부리라는 이름을 얻었다.
넓적부리도요	Spoon-billed Sandpiper	*Calidris pygmaea*	가로로 넓고 세로로 뾰족한 부리 모양이 꼭 숟가락을 닮았다. 심각한 멸종 위기에 처해 있어서 국제적인 보호와 협력 계획이 추진되고 있다.
노란배부채새	Yellow-bellied Prinia	*Prinia flaviventris*	대만에서도 흔히 볼 수 있는, 풀숲에 사는 조류. 이 새의 울음소리는 대만 말로 "치쓰니더페이(나 화나 죽겠어)"처럼 들린다.
논병아리	Little Grebe	*Tachybaptus ruficollis*	유럽, 아시아, 아프리카에 광범위하게 분포하는 물새. 물속으로 직접 들어가 먹이를 구한다.
뇌조	Rock Ptarmigan	*Lagopus muta*	고위도 지역에 서식. 눈이 내리는 겨울이면 하얀 깃옷으로 갈아입는다.

한글명	영문명	학명	설명
뉴칼레도니아까마귀	New Caledonian Crow	*Corvus moneduloides*	도구를 사용해서 먹이를 찾는 습성 때문에 유명해진 까마귀. 가늘고 긴 나뭇가지로 나무 구멍 속의 벌레를 끄집어내 먹는다.
대만오색조	Taiwan Barbet	*Psilopogon nuchalis*	대만 고유종 딱따구리. 해발 고도가 낮은 저지대에 주로 분포한다. 나무에 구멍을 뚫어 번식하는데, 구멍 뚫는 소리가 마치 목탁을 두드리는 것처럼 들린다.
대만파랑까치	Taiwan Blue Magpie	*Urocissa caerulea*	이전에 태어난 자녀 새가 부모 새를 도와 나중에 태어난 형제자매를 돌보는 협동 번식을 한다. 대만 고유종.
동고비	Eurasian Nuthatch	*Sitta europaea*	대만에서는 해발 고도 중간대의 삼림에 서식. 나뭇가지 위에서도 빠르게 움직일 수 있어, 나무껍질을 쪼아 그 틈새에 있는 벌레를 잡아먹는다.
되새	Brambling	*Fringilla montifringilla*	유라시아 대륙의 온대 지역에 분포하는 소형 철새. 일부는 대만에서 겨울을 난다.
두갈래꼬리태양새	Fork-tailed Sunbird	*Aethopyga christinae*	중국 동남부, 베트남, 대만 진먼섬 등지에 분포하며 주로 꽃의 꿀을 빨아먹는다.
뒷부리장다리물떼새	Pied Avocet	*Recurvirostra avosetta*	부리가 위쪽으로 휘어 있는 특이한 물새. 물속을 좌우로 훑으면서 먹이를 찾는다.

한글명	영문명	학명	설명
떼베짜는새	Sociable Weaver	*Philetairus socius*	아프리카 남부에 분포. 한 나무에 50~60쌍이 공동으로 둥지를 지어 번식한다.
레이산앨버트로스	Laysan Albatross	*Phoebastria immutabilis*	북태평양 해역에 분포. 앨버트로스 중에서는 비교적 작은 체형에 속한다. 크고 작은 여러 섬에서 번식.
레이산오리	Laysan Duck	*Anas laysanensis*	전 세계에서 분포 면적이 3km^2 내외로 가장 좁은 새.
마도요	Eurasian Curlew	*Numenius arquata*	대형 물새이자 철새. 휘어지는 긴 부리로 개펄 속 깊이 숨어 있는 먹이도 잘 집어 올릴 수 있다.
매	Peregrine Falcon	*Falco peregrinus*	전 세계에 분포. 대만에도 번식하는 매 집단이 있다.
매달린집새	Crested Oropendola	*Psarocolius decumanus*	남미의 아마존 분지에 분포. 가느다란 풀줄기를 엮어, 나뭇가지에 걸린 주머니 모양의 둥지를 만든다.
매목	Falconiformes	—	예전에는 수리와 친연 관계가 있다고 여겨졌으나, 사실은 앵무와 더 가깝다.
멕시코어치	Mexican Jay	*Aphelocoma wollweberi*	미국 서부와 멕시코 산악 지대에 분포. 벌새의 알과 새끼를 잡아먹는다.

한글명	영문명	학명	설명
목도리도요	Ruff	*Calidris pugnax*	번식우가 화려한 물새. 대만에서 겨울을 나는데 겨울을 날 때의 깃털색은 단조로운 편이다.
물꿩	Pheasant-tailed Jacana	*Hydrophasianus chirurgus*	인도, 동남아 등지에 분포. 대만에서는 타이난 관톈官田지구의 논에서 주로 번식한다. 일처다부제로 살아가는 새.
물떼새과	Charadriidae	—	부리가 짧은 소형 물새. 개펄 표면의 생물을 사냥해서 먹고 산다.
물수리	Osprey	*Pandion haliaetus*	전 세계 어디에나 존재하며 물고기를 잡아먹는 맹금류. 그러나 물고기의 힘이 더 세면 물수리가 물속으로 끌려들어가 익사할 수도 있다.
물총새	Common Kingfisher	*Alcedo atthis*	유라시아와 동남아시아에 광범위하게 분포. 이따금 물가에 가만히 서서 물고기를 잡으려고 기다리는 청록색 작은 새를 볼 수 있다.
미국까마귀	American Crow	*Corvus brachyrhynchos*	미국과 캐나다에 광범위하게 분포. 싫어하는 사람의 얼굴을 기억할 수 있다.
마국수리	Great Horned Owl	*Bubo virginianus*	북아메리카와 남아메리카에서 흔히 볼 수 있는 대형 수리부엉이.

한글명	영문명	학명	설명
바다오리	Common Guillemot	*Uria aalge*	펭귄처럼 생긴 바다오리과 조류. 북극권 부근 해역에 분포한다.
바위비둘기	Rock Dove	*Columba livia*	남아시아가 원산지이나 세계 각지에 외래종으로 분포해 있다.
바위종다리	Alpine Accentor	*Prunella collaris*	해발 고도가 높은 고지대에 서식하며, 돌이나 바위가 드러난 초지에서 주로 활동한다.
박새	Great Tit	*Parus major*	유럽에 널리 분포하고 있어 자주 연구 대상이 되고 있는 새.
밴디드랩윙	Banded Lapwing	*Vanellus tricolor*	주로 호주에 분포. 건기에는 호주 중서부 내륙에서 동부 해안가로 이동한다.
보겔콥최고극락조*	Vogelkop Lophorina	*Lophorina niedda*	최고극락조와 비슷하게 생겼지만, 2018년에 새로운 종으로 독립했다. 수컷이 구애할 때 추는 춤도 최고극락조와는 조금 다르다.
북극제비갈매기	Arctic Tern	*Sterna paradisaea*	철새 중 이동 거리가 가장 긴 새. 매년 남극과 북극 사이를 한 번씩 오간다.
북부난쟁이올빼미	Northern Pygmy Owl	*Glaucidium gnoma*	북미 서부 산악 지대에 분포하는 소형 올빼미.

* 뉴기니섬의 보겔콥에만 사는 극락조

한글명	영문명	학명	설명
북아메리카 귀신소쩍새	Eastern Screech-Owl	*Megascops asio*	미국 동부에 분포하는 소형 올빼미. 새의 깃옷과 나무줄기의 무늬가 매우 흡사하다.
붉은가슴도요	Red Knot	*Calidris canutus*	중대형 물새이자 대만을 경유하여 호주로 날아가는 철새. 현재는 개체수가 감소 중이다.
붉은꼬리딱새	Common Redstart	*Phoenicurus phoenicurus*	유럽에 광범위하게 분포한 소형 조류. 겨울이 가까워지면 아프리카 중부로 이동하여 겨울을 난다.
붉은등때까치	Red-backed Shrike	*Lanius collurio*	주로 유럽에 분포하나, 2010년에는 대만에도 한 마리가 나타난 적 있다.
붉은머리긴꼬리박새	Black-throated Tit	*Aegithalos concinnus*	대만에서 흔히 볼 수 있는 소형 조류. 해발 고도 중간대의 산악지대에 분포하며 종종 무리지어 활동하는 것을 볼 수 있다.
붉은머리오목눈이	Vinous-throated Parrotbill	*Sinosuthora webbiana*	풀숲을 특히 좋아하는 새. 대만에서는 집단수가 감소 중이다.
붉은모자마나킨	Red-capped Manakin	*Ceratopipra mentalis*	중앙아메리카에 분포. 특유의 '문워크'로 암컷에게 구애한다.
붉은목벌새	Ruby-throated Hummingbird	*Archilochus colubris*	미국 동부에 분포하는 철새. 멕시코만을 가로질러 날아가 중앙아메리카에서 겨울을 난다.

한글명	영문명	학명	설명
붉은배팔색조	Red-bellied Pitta	—	필리핀, 인도, 뉴기니섬 등에 분포. 최근 13종으로 새로이 분류되어 탐조가들의 관심을 부르고 있는 새다.
붉은어깨도요	Great Knot	*Calidris tenuirostris*	동아시아 지역의 물새이자 대만을 경유하는 철새. 개체수가 많지 않은 국제 보호종이다.
뻐꾸기	Common Cuckoo	*Cuculus canorus*	유라시아 대륙에 광범위하게 분포. 스스로 둥지를 짓지 않고 알도 부화시키지 않으며, 다른 새의 둥지에 알을 낳는 탁란(부화 기생)을 한다. 뻐꾸기는 배 부위가 새매속 맹금류처럼 보이는 의태를 한다.
뻐꾸기방울새	Parasitic Weaver	*Anomalospiza imberbis*	아프리카 동부에 분포. 탁란(부화 기생)을 한다.
사막딱새	Northern Wheatear	*Oenanthe oenanthe*	참새목 조류 가운데 이동 거리가 가장 긴 철새. 알래스카에서 출발하여 아시아 대륙 전체를 지나 아프리카로 가서 겨울을 난다.
사바나쏙독새	Savanna Nightjar	*Caprimulgus affinis*	최근 하천의 모래톱이 확장되면서 도시에서도 생존하게 된 새. 번식기에 내는 '찍-찍-' 소리가 때로는 너무 커서 시끄러울 지경이다.

한글명	영문명	학명	설명
산쑥들꿩	Greater Sage-Grouse	*Centrocercus urophasianus*	북미에 사는 대형 야생 닭. 수많은 개체들이 렉(구애 장소)에 모이면, 수컷들이 가슴팍에 있는 두 개의 노란 주머니를 두드리며 짝을 찾는다.
새매	Eurasian Sparrowhawk	*Accipiter nisus*	유라시아 대륙의 온대 지역에서 살아가는 소형 철새 맹금류. 이 가운데 일부는 대만에서 겨울을 난다.
세가락도요	Sanderling	*Calidris alba*	철새이자 물새. 해변에서 떼 지어 뛰어다니며 먹이를 찾는 모습이 꼭 파도를 쫓아다니는 것 같다.
쇠부엉이	Short-eared Owl	*Asio flammeus*	초원을 좋아하는 철새 부엉이. 머리 위로 두 개의 깃이 나 있다. 대만에서는 진먼섬 등지에서 겨울을 난다.
쇠오리	Eurasian (Green-winged) Teal	*Anas crecca*	전 지구에 골고루 분포해 있으며 대만에서도 겨울을 나는 기러기목 오리과 조류. 최근에는 개체수가 감소 추세에 있다.
수리목	Accipitriformes	—	매, 독수리, 콘도르, 말똥가리 등 여러 주행성 맹금류를 포함하는 분류군.
시끄러운광부새	Noisy Miner	*Manorina melanocephala*	호주 동부에 분포. 강한 공격성으로 도시를 점령한 탓에 작은 토종 새들은 경쟁을 이기지 못하고 개체수가 감소 중이다.

한글명	영문명	학명	설명
시끄러운피타	Noisy Pitta	*Pitta versicolor*	호주와 뉴기니섬 등에 분포. 건기에는 호주 중서부 내륙에서 동부의 연해로 이동한다.
시베리아흰두루미	Siberian Crane	*Leucogeranus leucogeranus*	멸종 위기종. 극동 지역에서 번식하고 중국 중남부의 포양호* 등지에서 겨울을 난다. 한때 유조 한 마리가 비행 도중 길을 잃어 알타이산맥**까지 다다른 적 있다.
아메리카메추라기도요	Pectoral Sandpiper	*Calidris melanotos*	미 대륙의 철새이자 물새. 여름이면 북반부의 툰드라에서 번식하고 겨울이면 남아메리카 남부로 이동한다.
아메리카우드콕	American Woodcock	*Scolopax minor*	미국 동부에 광범위하게 분포. 단안시 시야가 매우 넓어서 앞을 보고 있어도 몸 뒤에 있는 것까지 볼 수 있다.
알락할미새 (백할미새)	White Wagtail	*Motacilla alba*	대만에서 흔히 볼 수 있는 번식조이자 겨울철새. 땅 위에서 걸을 때면 꽁지를 위아래로 흔드는 것을 볼 수 있다. 도시의 밝은 불빛 아래 모여 밤을 보내기를 좋아한다.
앵무목	Psittaciformes	—	여러 종의 앵무새를 포함하는 분류군.

* 鄱陽湖, 장시성 북부의 담수호
**러시아의 서시베리아, 몽골, 카자흐스탄, 중국에 걸쳐 있는 산맥

한글명	영문명	학명	설명
열대붉은해오라기	Cinnamon Bittern	*Ixobrychus cinnamomeus*	아시아에만 분포하는 다갈색 소형 해오라기. 풀숲에서 목을 길게 빼고 부리를 치켜든 채 풀인 척 위장해서 몸을 숨기곤 한다.
오목눈이	Long-tailed Tit	*Aegithalos caudatus*	유라시아 온대 지역에서 흔히 볼 수 있으며, 서유럽에서 일본까지 분포하고 있다. 협동 번식을 하는 새.
오스트레일리아사다새	Australian Pelican	*Pelecanus conspicillatus*	호주에 널리 분포. 공원이나 학교의 연못에도 서식하고 있어 흔히 볼 수 있다.
올빼미	Tawny Owl	*Strix aluco*	유라시아 대륙에 광범위하게 분포한 중형 올빼미.
왕새매	Grey-faced Buzzard	*Butastur indicus*	매년 10월 중순경 대만을 경유하는 철새 맹금류 가운데 하나.
유럽가마우지	European Shag	*Phalacrocorax aristotelis*	유럽과 지중해 연안에 분포. 다른 새들의 행동을 관찰하고 따라하면서 먹이를 찾는다.
유럽개개비	Great Reed Warbler	*Acrocephalus arundinaceus*	유럽에 널리 분포한 휘파람새과 조류.
유럽바위종다리	Dunnock	*Prunella modularis*	유럽에 분포. 번식할 때 뻐꾸기에게 탁란(부화 기생) 당하기 쉽다.
유럽울새	European Robin	*Erithacus rubecula*	유럽에 광범위하게 분포. 유럽에서는 '로빈'이라고 하면 보통 이 새를 가리킨다.

한글명	영문명	학명	설명
유럽찌르레기	Common Starling	*Sturnus vulgaris*	유럽이 원산지이나 지금은 세계 곳곳에 외래종으로 광범위하게 분포해 있다.
유럽칼새	Common Swift	*Apus apus*	유럽에서 흔히 볼 수 있는 칼새. 비행 중에도 잘 수 있을 뿐 아니라 식사와 배설, 심지어 교미까지도 비행 도중에 가능하다.
인도공작	Indian Peafowl	*Pavo cristatus*	인도가 원산지로 종종 우리에 가두어 길러지거나 전시용이 되고 있는 새. 대만의 진먼섬에서도 외래종과 함께 서식하고 있다.
임금펭귄	King Penguin	*Aptenodytes patagonicus*	남극에 분포. 펭귄 중에서는 두 번째로 큰 펭귄이다.
작은동박새	Swinhoe's White-eye	*Zosterops simplex*	'스윈호의 동박새'라고도 한다. 대만에서 흔히 볼 수 있는 새이며 도시 환경에서도 생존할 수 있다.
작은청동뻐꾸기	Little Bronze-Cuckoo	*Chrysococcyx minutillus*	호주 동북부에 서식하는 소형 뻐꾸기.
장다리물떼새	Black-winged Stilt	*Himantopus himantopus*	대만에서 흔히 볼 수 있는 겨울 철새. 다리의 색이 아주 붉고, 수천 마리가 모여 있는 모습도 종종 볼 수 있다.

한글명	영문명	학명	설명
재봉새	Common Tailorbird	*Orthotomus sutorius*	동남아시아에서 흔히 볼 수 있는 소형 조류. 나뭇잎을 재봉질하듯 엮어서 둥지를 짓는다.
저어새	Black-faced Spoonbill	*Platalea minor*	동아시아 고유종. 길고 검은 부리가 꼭 밥숟가락처럼 생겼다. 절반 이상의 집단이 대만에서 겨울을 난다. 유명한 종 복원 성공 사례.
제비	Barn Swallow	*Hirundo rustica*	봄여름이면 주택 베란다 아래서 둥지를 짓고 있는 제비를 쉽게 관찰할 수 있다.
제비딱새	Grey-streaked Flycatcher	*Muscicapa griseisticta*	주로 동아시아에 분포하는 철새. 고정된 나뭇가지 위에서 날벌레를 사냥하기 위해 기다리는 습성이 있다.
줄기러기	Bar-headed Goose	*Anser indicus*	이동시 비행 고도가 가장 높은 철새. 중앙아시아의 번식지에서 출발, 히말라야산맥을 거쳐 남아시아로 가서 겨울을 난다.
쥘부채벌새	Purple-throated Carib	*Eulampis jugularis*	서인도제도 동부에 분포하는 작은 새. 경험을 기반으로 꿀이 있을 만한 자리에 미리 도착해 있곤 한다.
지느러미발도요	Red-necked Phalarope	*Phalaropus lobatus*	해안을 따라 이동하는 물새. 야간의 불빛에 이끌리기 쉬워 대만의 한 야구장에도 난입한 적 있다.

한글명	영문명	학명	설명
집참새	House Sparrow	*Passer domesticus*	유럽과 남아시아에 널리 분포한 집참새와 달리, 북아메리카와 남반구에 있는 집참새는 우세를 점한 외래침입종이다.
참매	Northern Goshawk	*Accipiter gentilis*	새매속의 대형 맹금류. 북반구 온대 지역에 광범위하게 분포하고 있으며 대만에서도 가끔 볼 수 있다.
참새	Eurasian Tree Sparrow	*Passer montanus*	모두에게 친숙한 바로 그 작은 새! 그러나 최근 개체수가 감소 추세에 있다.
참새목	Passeriformes	—	조류 가운데 가장 방대한 군체를 이루고 있어, 지구상에 존재하는 조류 종 가운데 거의 절반이 참새목에 속한다.
청다리도요	Common Greenshank	*Tringa nebularia*	대만에서 흔히 볼 수 있는 물새이자 겨울철새. 최근 들어 개체수가 줄어드는 듯하나 눈에 띌 정도는 아니다.
최고극락조	Greater Lophorina	*Lophorina superba*	번식기의 수컷은 가시광선을 흡수하는 까만 타원형 날개를 펼치고 춤을 추며 암컷에게 구애하는데, 가늘고 긴 눈 같은 청록색 무늬가 꼭 스마일 표정 같다.
칠레홍학	Chilean Flamingo	*Phoenicopterus chilensis*	남아메리카 남부에 분포.

한글명	영문명	학명	설명
칡부엉이	Long-eared Owl	*Asio otus*	숲을 좋아하는 철새 부엉이. 머리 위에 두 갈래 깃이 길게 솟아 있다.
칼부리벌새	Sword-billed Hummingbird	*Ensifera ensifera*	부리가 제 몸보다 길 만큼 부리가 긴 벌새로 교과서에도 종종 실린다. 남아메리카에 분포해 있다.
캐나다 산갈가마귀	Clark's Nutcracker	*Nucifraga columbiana*	북미 서북부 산악 지대에 분포. 겨울에 먹을 씨앗이나 견과를 여기저기 숨겨두는데, 수천 곳에 이르는 저장 장소를 모두 기억할 수 있다.
쿠퍼매	Cooper's Hawk	*Accipiter cooperii*	북아메리카에서 흔히 볼 수 있는 새매속 맹금류.
큰거문고새	Superb Lyrebird	*Menura novaehollandiae*	호주의 삼림에 분포. 온갖 다양한 소리를 모방할 수 있다.
큰군함조	Great Frigatebird	*Fregata minor*	대형 바닷새. 수영이나 잠수는 하지 못하고, 바닷물 표면에 있는 먹이를 잡거나 다른 바닷새의 먹이를 빼앗는다. 대만 앞바다에도 출현한 기록이 있다.
큰깍도요	Great Snipe	*Gallinago media*	북유럽에서 아프리카로 가서 겨울을 나는 철새이자 물새. 최고 비행속도가 시속 97km에 이르며, 한 번도 쉬지 않고 6,800km까지 날 수 있다.

한글명	영문명	학명	설명
큰꿀잡이새	Greater Honeyguide	*Indicator indicator*	아프리카에 분포. 벌집을 발견하면 특유의 소리를 내서 사람들에게 꿀이 있다고 알려주고, 남아 있는 꿀과 밀랍을 먹는다. 탁란(부화 기생)을 하는 새.
큰뒷부리도요	Bar-tailed Godwit	*Limosa lapponica*	한 번도 착지하지 않고 알래스카에서 뉴질랜드까지 11,000km를 날아갈 수 있는 철새.
큰부리파리잡이새	Large-billed Gerygone	*Gerygone magnirostris*	호주 북부와 뉴기니섬에 분포. 같은 과의 새들 가운데 부리가 가장 튼튼하고 우람하다.
큰비늘극락조	Magnificent Riflebird	*Ptiloris magnificus*	번식기의 수컷은 두 날개를 활짝 펼치고 머리를 좌우로 흔들면서 가슴의 파랑 깃털도 화려하게 뽐내며 암컷에게 구애한다.
큰오색딱따구리	White-backed Woodpecker	*Dendrocopos leucotos*	유라시아 대륙의 온대 지역에 서식하는 대형 딱따구리. 대만에서는 주로 고산에 분포하고 있다.
큰유황앵무	Sulphur-crested Cockatoo	*Cacatua galerita*	호주가 원산지이며 애완동물로도 흔히 볼 수 있다.
큰홍학	Greater Flamingo	*Phoenicopterus roseus*	남아시아와 아프리카에 분포. 종종 호수 한가운데에 모여 있어서 멀리서 보면 호수가 분홍색으로 물든 것처럼 보인다.

한글명	영문명	학명	설명
키위과	Kiwi	—	뉴질랜드 고유종으로 총 5종이 있다. 날개가 퇴화하여 날지 못하며, 성조의 체구에 비해 알이 큰 편이다.
타이완리오치즐라	Steere's Liocichla	*Liocichla Steerii*	대만 고유종. 대만 최초의 영국 부영사 겸 총영사였던 로버트 스윈호Robert Swinhoe, 1836~1877가 마지막으로 이 새의 이름을 짓고 얼마 후 세상을 떠났다.
터키콘도르	Turkey Vulture	*Cathartes aura*	미 대륙에 광범위하게 분포. 예민한 후각으로 동물의 사체를 찾아내 그 고기를 주로 먹는다.
토코투칸	Toco Toucan	*Ramphastos toco*	남미 열대림이 원산지로, 대중에게 가장 친숙한 왕부리새.
티베트땅곤줄박이	Ground Tit	*Pseudopodoces humilis*	인도, 네팔, 중국 등지에 분포. 이전에는 까마귀로 여겨졌으나, 연구 결과 곤줄박이의 일종으로 밝혀졌다.
팔색조	Fairy Pitta	*Pitta nympha*	대만 후번湖本 일대에서 번식하고 겨울이 다가오면 보르네오*로 이동해서 겨울을 난다. 최근 개체수가 감소 추세에 있다.
포투	Common Potoo	*Nyctibius griseus*	중남미 대륙에 분포. 외양이 쏙독새와 비슷하며, 부동자세로 서서 나무줄기처럼 보이도록 위장할 수 있다.

* Borneo, 말레이 제도 한가운데 있는 섬

한글명	영문명	학명	설명
푸른꼬리벌잡이새	Blue-tailed Bee-eater	*Merops philippinus*	여름이면 대만의 진먼섬에서 번식하는 철새. 주식으로 벌을 잡아먹어서 벌잡이새라는 이름을 얻었다. 진먼섬에 갈 기회가 없다면 타이베이 시립동물원에서도 볼 수 있다.
푸른바다제비	Blue Petrel	*Halobaena caerulea*	남반구 해역에 분포하는 소형 바닷새. 예민한 후각으로 해수면 가까이에서 비행하며 먹이를 찾는다.
푸른박새	Blue Tit	*Cyanistes caeruleus*	유럽에서는 흔히 볼 수 있어 자주 연구 대상이 되고 있는 새.
푸른요정굴뚝새	Superb Fairywren	*Malurus cyaneus*	호주에서 흔히 볼 수 있는 소형 조류. 풀숲을 좋아하고 작은 무리를 이루어 활동한다.
푸른정원사새	Satin Bowerbird	*Ptilonorhynchus violaceus*	각종 천연·인공 재료들을 모아 둥지를 짓고 암컷에게 선보이면서 구애하는 새. 주로 호주에 분포해 있다.
풀밭종다리	Meadow Pipit	*Anthus pratensis*	유럽에 분포하는 할미새과 조류. 온대는 물론 한대 기후도 견딜 수 있어 아이슬란드와 그린란드에서도 번식할 수 있다.
피그미새매	Pygmy Falcon	*Polihierax semitorquatus*	아프리카에 분포하는 소형 매과 맹금류. 길이가 20cm밖에 되지 않으며 곤충이 주식이다.
학도요	Spotted Redshank	*Tringa erythropus*	겨울철새이자 물새.

한글명	영문명	학명	설명
해리스매	Harris's Hawk	*Parabuteo unicinctus*	라틴아메리카의 맹금류. 협동 사냥하는 습성이 있으며 길들 여진 해리스매도 흔히 볼 수 있다.
호사도요	Greater Painted-snipe	*Rostratula benghalensis*	일처다부제로 살아가는 물새. 암컷은 가는 데마다 번식을 하고, 수컷이 알을 품고 새끼들을 기른다.
호아친	Hoatzin	*Opisthocomus hoazin*	생김새가 시조새와 비슷하지만 시조새는 아니다. 그러나 시조새처럼 날개에 발톱이 있고, 유조의 부리 가장자리에도 톱니 모양이 있다. 나뭇잎을 주식으로 하는 새.
호주까치	Australian Magpie	*Gymnorhina tibicen*	호주 고유종. 영역성이 강하며 번식기에는 이유 없이 행인을 공격하기도 한다.
호주동박새	Silvereye	*Zosterops lateralis*	호주와 뉴질랜드에 분포하는 동박새과 조류. 꽃의 꿀이 주식이다.
호주흰따오기	Australian White Ibis	*Threskiornis molucca*	호주에서 마구 쓰레기통을 뒤집고 사람 손에서까지 먹을 것을 훔쳐가는 이 새를 호주 사람들은 'bin chicken(쓰레기새)'이라고도 부른다.
황갈색겨드 랑이프리니 아	Tawny-flanked Prinia	*Prinia subflava*	아프리카에서 흔히 볼 수 있는 날개부채새 조류. 뻐꾸기방울새에게 종종 탁란(부화 기생) 당한다.

한글명	영문명	학명	설명
황갈색참새*	Russet Sparrow	*Passer cinnamomeus*	대만에서는 사라져가고 있는 참새. 일반적으로 흔히 보는 참새와는 종이 다르다. 뺨에 검은 반점이 없고, 깃털 색은 조금 더 불그스름한 편.
황제펭귄	Emperor Penguin	*Aptenodytes forsteri*	남극에 분포. 임금펭귄과는 다른 종이다. 펭귄들 가운데 가장 큰 펭귄.
황조롱이	Common Kestrel	*Falco tinnunculus*	소형 매과 맹금류로 대만에서는 겨울을 나는 철새. 넓게 탁 트인 환경을 좋아한다.
회색뺨풀베타	Morrison's Fulvetta	*Alcippe morrisonia*	대만 고유종. 해발 고도 중간대의 산악 지대에 분포한다.
회색앵무	Grey Parrot	*Psittacus erithacus*	아프리카 콩고 우림이 원산지. 멸종 위기종이므로 사육하지 않는 것이 좋다.
후투티	Eurasian Hoopoe	*Upupa epops*	유라시아–아프리카 대륙에 분포하며 대만 진먼섬의 텃새이기도 하다. 특유의 황갈색 깃털과 머리 위의 장식깃으로 쉽게 알아볼 수 있다.
휘파람매사촌	Whistling Hawk-cuckoo	*Hierococcyx nisicolor*	아시아 남부와 인도네시아에 분포하며 탁란(부화 기생)을 하는 새. 유조의 익각에 있는 노란색 깃털이 숙주 부모 새로 하여금 먹이를 주고 싶도록 자극한다.

* 섬참새의 일종

한글명	영문명	학명	설명
흑꼬리도요	Black-tailed Godwit	*Limosa limosa*	대만을 경유하는 철새. 긴 부리로 개펄 속 깊이 숨어 있는 먹이도 잘 잡아먹을 수 있다.
흰가면올빼미	Barn Owl	*Tyto alba*	동아시아 외에도 전 세계에 광범위하게 분포한 전형적인 가면올빼미과 맹금류.
흰머리수리	Bald Eagle	*Haliaeetus leucocephalus*	미국의 국조. 미국에서 독수리라고 하면 이 새를 가리킨다. 미국 서부와 캐나다에 광범위하게 분포.
흰목딱새	Slate-throated Redstart	*Myioborus miniatus*	중남미 대륙에 분포. 검고 흰 꽁지깃을 접었다 펼쳤다 하며 벌레들을 놀라게 해서 잡아먹는다.
흰물떼새	Kentish Plover	*Charadrius alexandrinus*	대만에서 흔히 볼 수 있는 소형 물떼새. 주로 바닷가의 개펄 표면에서 먹이를 구한다.

용어 해설

한글	영문	뜻
경계음 (警戒音)	alarm call	새들이 경계, 경고의 목적으로 내는 울음소리.
경유지	stop-over site	철새들이 이동하는 중간에 휴식을 취하고 먹이를 보충하는 장소.
공용 둥지 시스템	joint nesting system	협동 번식의 한 형태로, 여러 쌍의 개체가 번식 과정에서 같은 둥지를 공동으로 사용하는 것. 자신의 번식에는 관심이 없는 번식 보조자와 달리, 이 과정에 함께하는 성체들은 모두 직접 번식을 한다.
구걸음	begging call	아기 새가 먹이를 달라고 조르는 울음소리.
깃옷	plumage	새 한 마리의 온 몸을 덮고 있는 깃털의 통칭.
노래	song	새들이 짝을 구하거나 영역을 선언할 때 내는 소리로 선율이 다채롭다.
단계통군 (單系統群)	monophyletic group	진화의 분기상 어느 한 공통 조상에서 비롯된 모든 후대 생물의 집합군.
동기 부화	synchronous hatching	한 둥지 안에 있는 여러 개의 알이 거의 동시에 부화하는 것.
동형진화	convergent evolution	계통학적으로 각각 다른 생물종인데도 서식 환경이 비슷해서 서로 비슷한 외양을 보이는 진화 현상.
디메틸설파이드	dimethyl sulfide, DMS	특정 단백질이 분해되면서 생성되는 휘발성 물질로, 해산물 비린내와 비슷한 냄새가 나서 바닷새를 유인한다.
렉	lek	동물들이 모여 구애하는 고정된 장소.
모빙음	mobbing call	새들이 떼 지어 포식자를 쫓아낼 때 내는 울음소리.

한글	영문	뜻
배설강 키스	cloacal kiss	새들이 교미할 때 배설강을 서로 접촉시키는 행위.
번식 보조자	helpers-at-the-nest	번식 과정을 돕는 협동 번식의 한 형식. 일찍 태어난 자녀 새가 부모 새의 번식 보조자 역할을 하는 경우가 일반적이다. 이때 보조자는 보통 부모나 다른 부부의 번식을 돕는 동안에는 자신의 번식에 관심을 기울이지 않는다.
비동기 부화	asynchronous hatching	한 둥지 안에 있는 여러 개의 알이 각각 다른 시간대에 순차적으로 부화하는 것.
비상음 (飛翔音)	flight call	새들이 하늘을 날 때 내는 울음소리.
성 선택	sexual selection	생물의 번식상 필요로 인해 생겨난 진화 메커니즘.
성적 이형성 (性的異形性)	sexual dimorphism	수컷과 암컷의 외양이 눈에 띄게 차이 나는 현상.
신호	call	경계음처럼 새들이 어떤 목적을 위해 내는 소리로 음과 길이가 단조롭다.
역류 교환	countercurrent exchange	혈류의 방향 및 온도가 서로 다른 혈관을 통해 체온을 항상 일정하게 유지하는 기제.
역성적 이형성	reversed sexual dimorphism	보통 암컷과 수컷은 외양이 확연히 다른데, 다른 많은 생물들과 달리 암컷이 더 몸집이 크고 화려한 것.
위장	camouflage	포식자의 관심을 끌 수 없도록 자신의 외관을 주변 사물과 비슷해 보이게 만들어, 발견당하는 위험을 피하는 것.
의상(擬傷) 행동*	injury feigning	부모 새가 다친 척함으로써 포식자의 시선을 끌어 포식자를 새끼들로부터 멀어지게 하는 전략.

* '부러진 날개 연기'를 의미하는 broken wing display라고도 한다.

한글	영문	뜻
의태(擬態)	mimicry	포식자에게 잡아먹힐 위험을 낮추는 등의 이점을 위해 제 몸의 색깔이나 무늬 등이 다른 종의 생물과 비슷하게 보이도록 한 외양.
일부다처제	polygyny	동물의 짝짓기 형태 가운데 하나로, 수컷 한 마리와 암컷 여러 마리가 짝을 지어 교미하는 것.
일부일처제	monogamy	동물의 짝짓기 형태 가운데 하나로, 수컷 한 마리와 암컷 한 마리가 짝을 지어 교미하는 것.
일처다부제	polyandry	동물의 짝짓기 형태 가운데 하나로, 암컷 한 마리와 수컷 여러 마리가 짝을 지어 교미하는 것.
자외선	Ultraviolet, UV	파장 10~400nm 사이의 전자파.
절취 기생	kleptoparasitism	다른 동물의 먹이를 훔치거나 빼앗아 먹는 먹이 활동 방식.
접촉음	contact call	새가 동료 새들과 소통하기 위해 내는 울음소리.
제행(蹄行) 동물	unguligrade	말처럼 발굽을 지표면에 접촉시키며 이동하는 동물.
지행(趾行) 동물	digitigrade	고양이, 개, 새, 코끼리, 공룡처럼 발가락만 지표면에 접촉시키며 이동하는 동물.
짝외교미	extra-pair copulation	자신의 짝 이외의 개체와 번식하는 행위. 즉 동물의 외도.
척행(蹠行) 동물	plantigrade	사람처럼 발바닥 전체를 땅바닥에 접촉시키며 이동하는 동물.
측계통군 (側系統群)	paraphyletic group	진화의 분기상 하나의 공통 조상으로부터 갈라져 나온 일부 후대 생물의 집합군.

한글	영문	뜻
크립토크롬	cryptochrome	동식물의 체내에 있는 청색광 수용체. 그 생물의 성장과 발육, 일주기 리듬(circadian rhythm)에 큰 영향을 미친다.
탁란 (부화 기생)	brood parasitism	다른 새의 둥지에 자신의 알을 낳아, 다른 새가 자신의 알을 부화시키고 새끼도 기르게 하는 것.
탄성 부리	rhynchokinesis	일부 도요새류 물새의 부리에는 탄성이 있어서 위로도 자유롭게 젖힐 수 있어 진흙 속에서도 먹이를 찾기 수월하다.
토르퍼	torpor	새들이 잠을 잘 때 체온과 신진대사의 속도를 낮추어 에너지 수요를 감소시킨 상태.
트렘블링	foot-trembling	새들이 땅을 마구 밟고 다니면서 흙 속이나 땅 위의 생물들을 놀래켜 먹이를 찾는 행위.
펠릿	pellet	뼈나 깃털 등 먹이 중 소화되지 않은 것들이 새의 소화 기관에서 뭉쳐진 뒤 토해낸 것.
펩신	pepsin	척추동물의 위액에 있는 소화 효소의 일종.
포란반	brood patch	새가 알을 품을 때 알에 열을 잘 전달할 수 있도록 복부의 털이 탈락하여 맨 살이 드러난 부분.
협동 번식	Cooperative breeding	한 쌍 이상의 생물 개체가 공동으로 번식 과정에 참여하거나 협력하는 것.
희석 효과	dilution effect	많은 개체들이 모여 무리를 이루면 자신이 포식자에게 잡아먹힐 확률이 낮아지는 것.

주

1. IOC World Bird List VERSION 10.2.

2. Collar et al. 2015. The number of species and subspecies in the Red-bellied Pitta Erythropitta erythrogaster complex, a quantitative analysis of morphological characters. Forktail 31, 13-23.

3. Jetz W et al. 2012. The global diversity of birds in space and time. Nature 491, 444-448.

4. Prum R et al.2015. A comprehensive phylogeny of birds (Aves) using targeted next-generation DNA sequencing. Nature 526, 569-573.

5. Newton I. 2003. The speciation and biogeography of birds. Academic Press.

6. Estrella SM, Masero JA. 2007. The use of distal rhynchokinesis by birds feeding in water. Journal of Experimental Biology 210, 3757-3762.

7. Chang YH, Ting LH. 2017. Mechanical evidence that flamingos can support their body on one leg with little active muscular force. Biology letters, 13(5), 20160948.

8. Godefroit P et al. 2014. A Jurassic ornithischian dinosaur from Siberia with both feathers and scales. Science 345, 451-455.

9. Stevens, M. et al. 2017. Improvement of individual camouflage through background choice in ground-nesting birds. Nature Ecology & Evolution 1, 1325.

10. Burton, R. F. 2008. The scaling of eye size in adult birds, relationship to brain, head and body sizes. Vision Research 48, 2345-2351.

11. Fernández-Juricic, E et al. 2004. Visual perception and social foraging in birds. Trends in Ecology & Evolution 19, 25- 31.

12. Siefferman L. 2007. Sexual dichromatism, dimorphism, and condition-dependent coloration in blue-tailed bee-eaters. The Condor 109, 577-584.

13. Viitala J et al. 1995. Attraction of kestrels to vole scent marks visible in ultraviolet light. Nature 373, 425-427.

14. Šulc, M et al. 2015. Birds use eggshell UV reflectance when recognizing non-mimetic parasitic eggs. Behavioral Ecology 27, 677-684.

15. Jourdie V et al. 2004. Ultraviolet reflectance by the skin of nestlings. Nature 431, 262.

16. Bize P et al. 2006. A UV signal of offspring condition mediates context-dependent parental

favouritism. Proceedings of the Royal Society B, Biological Sciences 273.

17. Brinkløv S et al. 2013. Echolocation in Oilbirds and swiftlets. Frontiers in Physiology 4, 123.

18. Cunningham SJ et al. 2010. Bill morphology or Ibises suggests a remote-tactile sensory system for prey detection. The Auk 127, 308–316.

19. Piersma T et al. 1998. A new pressure sensory mechanism for prey detection in birds, the use of principles of seabed dynamics?. Proceedings of the Royal Society of London Biological Sciences 265, 1377-1383.

20. Senevirante SS, Jones IL. 2008. Mechanosensory function for facial ornamentation in the whiskered auklet, a crevice-dwelling seabird. Behavioral Ecology 19,784-790.

21. Thorogood R et al. 2018. Social transmission of avoidance among predators facilitates the spread of novel prey. Nature Ecology & Evolution 2, 254.

22. Martin GR et al. 2007. Kiwi forego vision in the guidance of their nocturnal activities. Plos ONE 2, e198.

23. Grigg NP et al. 2017. Anatomical evidence for scent guided foraging in the turkey vulture. Scientific Reports 7, 1-10.

24. Nevitt GA et al. 2008. Evidence for olfactory search in wandering albatross, Diomedea exulans. PNAS 105, 4576-4581.

25. Leclaire S et al. 2017. Blue petrels recognize the odor of their egg. Journal of Experimental Biology 220, 3022-3025.

26. Whittaker DJ et al. 2019. Experimental evidence that symbiotic bacteria produce chemical cues in a songbird. Journal of Experimental Biology 222, jeb202978.

27. Kahl JrMP. 1963. Thermoregulation in the wood stork, with special reference to the role of the legs. Physiological Zoology 36, 141-151.

28. Tattersall GJ et al. 2009. Heat exchange from the toucan bill reveals a controllable vascular thermal radiator. Science 325, 468-470.

29. Ancel A et al. 2015. New insights into the huddling dynamics of emperor penguins. Animal Behaviour 110, 91-98.

30. Marzluff JM et al. 2012. Brain imaging reveals neuronal circuitry underlying the crow⬚s perception of human faces. PNAS, doi.org/10.1073/pnas.1206109109.

31. Prior H et al. 2008. Mirror-Induced Behavior in the Magpie (Pica pica), Evidence of Self-

Recognition. PLoS Biology.

32. Olkowicz S et al. 2016. Birds have primate-like numbers of neurons in the forebrain. PNAS 113, 7255-7260.

33. Weimerskirch H et al. 2016. Frigate birds track atmospheric conditions over months-long transoceanic flights. Science 353, 74-78.

34. Hedenström A et al. 2016. Annual 10-month aerial life phase in the common swift Apus apus. Current Biology 26, 3066-3070.

35. Krüger K et al. 1982. Torpor and metabolism in hummingbirds. Comparative Biochemistry and Physiology Part A, Physiology 73, 679-689.

36. Riyahi S et al. 2013. Beak and skull shapes of human commensal and non-commensal house sparrows Passer domesticus. BMC Evolutionary Biology 13, 200.

37. Huchins HE et al. 1982. The central role of Clark's nutcracker in the dispersal and establishment of whitebark pine. Oecologia 55, 192-201.

38. Rico-Guevara A et al. 2011. The hummingbird tongue is a fluid trap, not a capillary tube. Proceedings of the National Academy of Sciences, 108, 9356-9360.

39. Rico-Guevara A et al. 2015. Hummingbird tongues are elastic micropumps. Proceedings of the Royal Society B, Biological Sciences 282, 20151014.

40. Tello-Ramos MC et al. 2015. Time–place learning in wild, free-living hummingbirds. Animal Behaviour 104, 123-129.

41. Temeles EJ et al. 2006. Traplining by purple-throated carib hummingbirds, behavioral responses to competition and nectar availability. Behavioral Ecology and Sociobiology 61, 163-172.

42. Coulson JO, Coulson TD. 2013. Reexamining cooperative hunting in Harris's Hawk (Parabuteo unicinctus), large prey or challenging habitats?. The Auk 130, 548-552.

43. Payne RS. 1971. Acoustic location of prey by barn owls (Tyto alba). Journal of Experimental Biology 54, 535-573.

44. Sane-Jose LM et al. 2019. Differential fitness effects of moonlight on plumage colour morphs in barn owls. Nature Ecology & Evolution 3, 1331–1340.

45. Sustaita D et al. 2018. Come on baby, let's do the twist, the kinematics of killing in loggerhead shrikes. Biology Letters 14, 20180321.

46. Mumme RL. 2002. Scare tactics in a Neotropical warbler, White tail feathers enhance flush–

pursuit foraging performance in the Slate-throated Redstart (Myioborus miniatus). The Auk 119, 1024-1035.

47. Nyffeler M et al. 2018. Insectivorous birds consume an estimated 400-500 million tons of prey annually. The Science of Nature 105, 47.

48. Evans J et al. 2019. Social information use and collective foraging in a pursuit diving seabird. PLoS ONE 14(9).

49. Osborne BC. 1982. Foot-trembling and feeding behaviour in the Ringed Plover Charadrius hiaticula. Bird Study 29, 209-212.

50. Gutiérrez JS, Soriano-Redondo A. 2018. Wilson's Phalaropes can double their feeding rate by associating with Chilean Flamingos. Ardea 106, 131-139.

51. Vickery JA, Brooke MDL. 1994. The kleptoparasitic interactions between great frigatebirds and masked boobies on Henderson Island, South Pacific. The Condor 96, 331-340.

52. Goumas M et al. 2019. Herring gulls respond to human gaze direction. Biology Letters 15(8).

53. Savoca MS et al. 2016. Marine plastic debris emits a keystone infochemical for olfactory foraging seabirds. Science advances 2(11), e1600395.

54. Budka M et al. 2018. Vocal individuality in drumming in great spotted woodpecker-A biological perspective and implications for conservation. PLoS ONE 13(2).

55. Templeton CN et al. 2005. Allometry of alarm calls, black-capped chickadees encode information about predator size. Science 308, 1934-1937.

56. Templeton CN, Greene E. 2007. Nuthatches eavesdrop on variations in heterospecific chickadee mobbing alarm calls. PNAS 104, 5479-5482.

57. 蔡育倫。2005。藪鳥鳴唱聲的地理變異。國立臺灣大學森林環境暨資源學研究所學位論文。

58. Krause J, Ruxton GD. 2002. Living in groups. Oxford University Press.

59. 林大利。2012。當我們同在一起：動物群體生活之利與弊。自然保育季刊，80, 4-11。

60. Connelly JW et al. 2004. Conservation assessment of greater sage-grouse and sagebrush habitats. All US Government Documents (Utah Regional Depository), 73.

61. Küpper C et al. 2016. A supergene determines highly divergent male reproductive morphs in the ruff. Nature Genetics 48, 79-83.

62. Lamichhaney S. et al. 2016. Structural genomic changes underlie alternative reproductive strategies in the ruff (Philomachus pugnax). Nature Genetics 48, 84-88.

63. Kempenaers B, Valcu M. 2017. Breeding site sampling across the Arctic by individual males of a polygynous shorebird. Nature 541, 528-531.

64. Lesku JA et al. 2012. Adaptive sleep loss in polygynous pectoral sandpipers. Science 337, 1654-1658.

65. McCoy DE et al.2018. Structural absorption by barbule microstructures of super black bird of paradise feathers. Nature Communications 9, 1.

66. Edelman AJ, McDonald DB. 2014. Structure of male cooperation networks at long-tailed manakin leks. Animal Behaviour 97, 125-133.

67. Fang Y-T et al. 2018. Asynchronous evolution of interdependent nest characters across the avian phylogeny. Nature Communications 9, 1-8.

68. Petit C et al. 2002. Blue tits use selected plants and olfaction to maintain an aromatic environment for nestlings. Ecology Letters 5, 585-589.

69. Levey DJ et al. 2004. Use of dung as a tool by burrowing owls. Nature 431, 39.

70. Gehlbach FR, Baldridge RS. 1987. Live blind snakes (Leptotyphlops dulcis) in eastern screech owl (Otus asio) nests, a novel commensalism. Oecologia 71, 560-563.

71. Greeney HF et al. 2015. Trait-mediated trophic cascade creates enemy-free space for nesting hummingbirds. Science Advances 1(8), e1500310.

72. Collias EC, Collias NE. 1978. Nest building and nesting behaviour of the Sociable Weaver Philetairus socius. Ibis 120, 1-15.

73. Morgan SM et al. 2003. Foot-mediated incubation, Nazca booby (Sula granti) feet as surrogate brood patches. Physiological and Biochemical Zoology 76, 360-366.

74. Anderson DJ. 1989. The role of hatching asynchrony in siblicidal brood reduction of two booby species. Behavioral Ecology and Sociobiology 25, 363-368.

75. Humphreys RK, Ruxton GD. 2020. Avian distraction displays, a review. Ibis

76. Krüger O. 2005. The evolution of reversed sexual size dimorphism in hawks, falcons and owls, a comparative study. Evolutionary Ecology 19, 467-486.

77. Slagsvold T, Sonerud GA. 2007. Prey size and ingestion rate in raptors, importance for sex roles and reversed sexual size dimorphism. Journal of Avian Biology 38, 650-661.

78. https://www.fws.gov/refuge/Midway_Atoll/

79. https://usfwspacific.tumblr.com/post/182616811095/wisdom-has-a-new-chick

80. Stoddard MC, Hauber ME. 2017. Colour, vision and coevolution in avian brood parasitism. Philosophical Transactions of the Royal Society B, Biological Sciences, 372, 20160339.

81. Stevens M. 2013. Bird brood parasitism. Current Biology 23, R909-R913.

82. Emlen ST, Vehrencamp SL. 1983. Cooperative breeding strategies among birds. Perspectives in Ornithology 93-120.

83. 劉小如。1998。陽明山公園內台灣藍鵲合作生殖之研究。陽明山國家公園管理處委託研究計畫。

84. Yuan H-W et al. 2004. Joint nesting in Taiwan Yuhinas, a rare passerine case. The Condor 106, 862-872.

85. Yuan H-W et al. 2005. Group-size effects and parental investment strategies during incubation in joint-nesting Taiwan Yuhinas (Yuhina brunneiceps). The Wilson Journal of Ornithology, 117, 306-313.

86. Newton I. 2007. The Migration Ecology of Birds. Elsevier Science Publishing.

87. Kuo Y et al. 2013. Bird Species Migration Ratio in East Asia, Australia, and Surrounding Islands. Naturwissenschaften 100, 729-738.

88. https://www.birdlife.org/asia/programme-additional-info/ migratory-birds-and-flyways-asia-wiki

89. Wiegardt A et al. 2017. Postbreeding elevational movements of western songbirds in Northern California and Southern Oregon. Ecology and Evolution 7, 7750-7764.

90. Nisbet ICT et al. 1963. Weight-loss during migration Part I, Deposition and consumption of fat by the Blackpoll Warbler Dendroica striata. Bird-banding 107-138.

91. Deluca WV et al. 2015. Transoceanic migration by a 12 g songbird. Biology Letters 11, 20141045.

92. Hargrove JL. 2005. Adipose energy stores, physical work, and the metabolic syndrome, lessons from hummingbirds. Nutrition Journal 4, 36.

93. Alerstam T. 2009. Flight by night or day? Optimal daily timing of bird migration. Journal of Theoretical Biology 258, 530-536.

94. Portugal SJ et al. 2014. Upwash exploitation and downwash avoidance by flap phasing in ibis formation flight. Nature 505, 399-402.

95. Wiltschko W et al. 2009. Avian orientation, the pulse effect is mediated by the magnetite receptor in the upper beak. Proceedings of Royal Society B, Biological Science 276, 2227-2232.

96. Wiltschko R, Wiltschko W. 2009. Avian navigation. Auk 126, 717-743.

97. Tseng W. 2017. Wintering ecology and nomadic movement patterns of Short-eared Owls Asio

flammeus on a subtropical island. Bird Study 64, 317-327.

98. Saino N et al. 2010. Sex-related variation in migration phenology in relation to sexual dimorphism, a test of competing hypotheses for the evolution of protandry. Journal of Evolutionary Biology 23, 2054-2065.

99. Ma Z et al. 2014. Rethinking China's new great wall. Science 346, 912-914.

100. Studds CE et al. 2017. Rapid population decline in migratory shorebirds relying on Yellow Sea tidal mudflats as stopover sites. Nature Communications 8, 14895.

101. Cabrera-Cruz SA et al. 2018. Light pollution is greatest within migration passage areas for nocturnally-migrating birds around the world. Scientific Reports 8, 3261.

102. van Gils JA et al. 2016. Body shrinkage due to Arctic warming reduces red knot fitness in tropical wintering range. Science 352, 819-821.

103. Horton KG et al. 2020. Phenology of nocturnal avian migration has shifted at the continental scale. Nature Climate Change 10, 63-68.

104. Freeman BG et al. 2018. Climate change causes upslope shifts and mountaintop extirpations in a tropical bird community. Proceedings of the National Academy of Sciences 115, 11982-11987.

105. 丁宗蘇。2014。氣候變遷之高山生態系指標物種研究-鳥類指標物種調查及脆弱度分析。玉山國家公園管理處委託研究計畫。

106. Gill JrRE. 2009. Extreme endurance flights by landbirds crossing the Pacific Ocean, ecological corridor rather than barrier?. Proceedings of the Royal Society B, Biological Sciences 276, 447-457.

107. Egevang C et al. 2010. Tracking of Arctic terns Sterna paradisaea reveals longest animal migration. Proceedings of the National Academy of Sciences 107, 2078-2081.

108. Bishop CM et al. 2015. The roller coaster flight strategy of bar-headed geese conserves energy during Himalayan migrations. Science 347, 250-254.

109. Klassen RH et al. 2011. Great flights by great snipes, long and fast non-stop migration over benign habitats. Biology Letters 7, 833-835.

이토록 재미있는 새 이야기

눈 깜짝할 새 읽는 조류학

초판 인쇄 2022년 6월 20일
초판 발행 2022년 6월 25일

지은이 천샹징·린다리
그린이 천샹징
옮긴이 박주은
펴낸이 조승식
펴낸곳 도서출판 북스힐
등록 1998년 7월 28일 제22-457호
주소 서울시 강북구 한천로 153길 17
전화 02-994-0071
팩스 02-994-0073
홈페이지 www.bookshill.com
이메일 bookshill@bookshill.com

ISBN 979-11-5971-431-3

정가 16,000원